Georg Simon Ohm

Die galvanische Kette

Verlag
der
Wissenschaften

Georg Simon Ohm

Die galvanische Kette

ISBN/EAN: 9783957002259

Auflage: 1

Erscheinungsjahr: 2014

Erscheinungsort: Norderstedt, Deutschland

Hergestellt in Europa, USA, Kanada, Australien, Japan
Verlag der Wissenschaften in Hansebooks GmbH, Norderstedt

Die

galvanische Kette,

mathematisch bearbeitet

von

Dr. G. S. Ohm.

Mit einem Figurenblatte.

Berlin, 1827.
Bei T. H. Riemann.

Vorwort.

Ich übergebe hiermit dem Publikum eine Theorie der galvanischen Elektrizität, als einen speziellen Theil der allgemeinen Elektrizitätslehre, und werde nach und nach, so wie gerade Zeit und Lust und Boden es gestatten, mehr solcher Stücke zu einem Ganzen an einander reihen, vorausgesetzt, dass der Werth dieser ersten Ausbeute einigermassen den Opfern, die sie mir kostet, die Wage hält. Die Verhältnisse, in welchen ich bis jetzt gelebt habe, waren nicht geeignet, weder meinen Muth, wenn ihn die Tageskälte zu zerstören drohte, aufs Neue

anzufeuern, noch, was doch unumgäng-
lich nöthig ist, mich mit der auf ähnliche
Arbeiten Bezug habenden Literatur in
ihrem ganzen Umfange vertraut zu machen; daher habe ich zu meiner Pro-
berolle ein Stück gewählt, wobei ich
Konkurrenz am wenigsten zu scheuen
brauchte. Möge der geneigte Zuschauer
meine Leistung mit derselben Liebe zur
Sache aufnehmen, aus der sie hervor
gegangen ist!

Berlin, den 1. Mai 1827.

Der Verfasser.

Einleitung.

Das Streben dieser Abhandlung geht dahin, aus einigen wenigen, gröfstentheils durch die Erfahrung gegebenen Prinzipien den Inbegriff derjenigen elektrischen Erscheinungen in geschlossenem Zusammenhange abzuleiten, welche durch die Berührung zweier oder mehrerer Körper unter einander hervorgebracht und unter dem Namen der galvanischen begriffen werden; ihre Absicht ist erreicht, wenn auf solche Weise die Mannigfaltigkeit der Thatsachen unter die Einheit des Gedankens gestellt wird. Um mit den einfachsten Untersuchungen den Anfang zu machen, habe ich mich fürs erste darauf beschränkt, diejenigen Fälle vorzunehmen, wo die erregte Elektrizität nur in einer Dimension sich fortbewegt. Sie bilden gleichsam das Gerüste zu einem gröfseren Baue, und enthalten gerade den Theil, dessen genauere Kenntnifs aus den Anfangsgründen der Naturlehre zu schöpfen ist, und auch seiner Zugänglichkeit halber darin in strenger Form gegeben werden kann. Zu Gunsten dieses besonderen Zweckes und zugleich als Einleitung in die Sache selbst schicke ich der gedrängten mathematischen Bearbeitung eine freiere, aber darum nicht weniger zusammenhängende, Uebersicht ihres Ganges und ihrer Resultate voraus.

Drei Gesetze, wovon das eine die Art der Elektrizitätsverbreitung innerhalb eines und desselben Körpers, das zweite die Art der Elektrizitätszerstreuung in die umgebende Luft, und das dritte die Art des Hervortretens der Elektrizität an der Berührungsstelle zweier heterogener Körper ausspricht, bilden die Grundlage der ganzen Abhandlung und enthalten zugleich Alles, was nicht auf eine vollständige Begründung Anspruch macht. Die beiden letztern sind reine Erfahrungsgesetze, das erstere aber ist seiner Natur nach wenigstens zum Theile theoretisch.

Was dieses erste Gesetz betrifft, so bin ich von der Annahme ausgegangen, daß die Mittheilung der Elektrizität von einem Körperelemente nur zu dem ihm zunächst liegenden auf eine un-

mittelbare Weise erfolge, so daſs von jenem
Elemente zu jedem andern entfernter liegenden
kein unmittelbarer Uebergang Statt findet. Die
Gröſse des Ueberganges zwischen zwei zunächst
beisammen liegenden Elementen habe ich unter
übrigens gleichen Umständen dem Unterschiede
der in beiden Elementen befindlichen elektrischen
Kräfte proportional gesetzt, gleichwie in der
Wärmelehre der Wärmeübergang zwischen zwei
Körperelementen dem Unterschiede ihrer Temperaturen proportional genommen wird. Man sieht
hieraus, daſs ich von dem bisher üblichen, durch
Laplace eingeführten Verfahren bei Molekularwirkungen abgewichen bin, und ich hoffe, daſs
sich der von mir eingeschlagene Weg durch
seine Allgemeinheit, Einfachheit und Klarheit sowohl, als durch das Licht, welches er auf den
Sinn der früheren Methoden wirft, von selbst empfehlen werde.

In Ansehung der Elektrizitätszerstreuung in
die Luft habe ich das von *Coulomb* durch Versuche ausgemittelte Gesetz beibehalten, dem gemäſs der Verlust an Elektrizität eines von Luft
umgebenen Körpers in einem Zeittheilchen von

konstanter Länge der Stärke der Elektrizität und
einem von der Natur der Luft abhängigen Koeffizienten proportional ist. Ein einfaches Zusam-
menhalten der Umstände, unter welchen *Coulomb*
seine Versuche angestellt hat, mit den bei der
Elektrizitätsbewegung vorhandenen zeigte jedoch,
daſs bei den galvanischen Erscheinungen der
Einfluſs der Luft fast immer auſser Acht gelassen
werden kann. Bei *Coulombs* Versuchen war
nämlich die nach der Oberfläche der Körper hin-
gedrängte Elektrizität ihrer ganzen Ausdehnung
nach im Prozesse der Zerstreuung in die Luft
begriffen, während in der galvanischen Kette die
Elektrizität fast immer das Innere der Körper
durchzieht und deswegen nur zum kleinsten
Theile mit der Luft in Wechselwirkung kommt,
so daſs hier die Zerstreuung in die Luft in Vergleich zu jener nur äuſserst unbeträchtlich ausfallen kann. Diese aus der Natur der Umstände
abgeleitete Folgerung wird durch die Erfahrung
bestätigt; in ihr liegt der Grund, warum das
zweite Gesetz nur sehr selten zur Sprache
kommt.

Die Art und Weise, wie die Elektrizität an

der Berührungsstelle zweier differenter Körper
hervortritt, oder die elektrische Spannung dieser
Körper habe ich so ausgesprochen: Wenn verschiedenartige Körper sich einander berühren, so
behaupten sie fortwährend an der Stelle der Berührung einen und denselben Unterschied ihrer
elektroskopischen Kräfte.

Mit Zuziehung dieser drei Fundamentalsätze
lassen sich die Bedingungen angeben, welchen die
Elektrizitätsbewegung in Körpern von beliebiger
Gestalt und Art unterworfen ist. Die Form und
Behandlung der so erhaltenen Differenzialglei-
chungen ist denen für die Wärmebewegung
durch *Fourier* und *Poisson* uns gegebenen so
ähnlich, dafs sich schon hieraus, wenn auch weiter keine andern Gründe vorhanden wären, der
Schlufs auf einen innern Zusammenhang zwischen
beiden Naturerscheinungen mit allem Rechte machen liefse, und dieses Identitätsverhältnifs nimmt
zu, je weiter man es verfolgt. Diese Untersuchungen gehören zu den schwierigsten in der Mathematik, und können schon defshalb nur allmäh-
lich einen allgemeinen Eingang sich verschaffen,
darum ist es ein glücklicher Wurf, dafs bei ei-

nem nicht unwichtigen Theile der Elektrizitätsbewegung in Folge seiner besondern Natur jene
Schwierigkeiten fast gänzlich wegfallen. Diesen
Theil dem Publikum zunächst vorzulegen, hat ge-
genwärtige Schrift sich zum Ziele gesetzt und daher nur so viel von zusammengesetzten Fällen in
sich aufgenommen, als zur Sichtbarmachung des
Ueberganges nöthig schien.

Die Natur und Gestalt, welche man den galvanischen Apparaten insgemein zu geben pflegt,
begünstigt die Elektrizitätsbewegung nur nach einer Dimension, und die Schnelligkeit der Elektrizitätsverbreitung in Verbindung mit der nie ver-
siegenden Quelle der galvanischen Elektrizität
wird Ursache, dafs die galvanischen Erscheinungen gröfstentheils einen mit der Zeit sich nicht
ändernden Charakter annehmen. Diese beiden
den galvanischen Erscheinungen meistens zur Seite
stehenden Bedingungen, nämlich Aenderung der
elektrischen Beschaffenheit in einer einzigen Dimension und Unabhängigkeit derselben von der
Zeit, sind es aber gerade, wodurch die Behandlung zu einem Grade der Einfachheit gebracht
wird, der in keinem Theile der Naturlehre gröfser

angetroffen wird und ganz dazu geeignet ist, der
Mathematik die Besitzergreifung eines neuen Fel-
des der Physik, von dem sie bisher fast gänzlich
ausgeschlossen blieb, ohne allen Widerspruch zu
sichern. So geht diese Wissenschaft, der Natur
getreu, gleich ihr, in anspruchsloser Würde ihren unerschütterlichen Gang, kaum achtend der
aus dem Zwiespalte der Zeit gegen sie gerichteten Verunglimpfungen, die schon bei ihrer Geburt
alle Merkmahle eines hinfälligen, nur der Kunst
angehörigen, Lebens an sich tragen.

Die chemischen Veränderungen, welche so
häufig in einzelnen, meistentheils flüssigen, Theilen
einer galvanischen Kette vor sich gehen, benoh-
men der Wirkung ihre natürliche Reinheit und
verbergen durch die Verwickelungen, welche sie
herbeiführen, den eigentlichen Hergang der Sache
ungemein; in ihnen liegt der Grund eines bei-
spiellosen Wechsels der Erscheinung, der zu so
vielen scheinbaren Ausnahmen von der Regel,
manchmal wohl gar zu Widersprüchen, in so-
weit der Sinn dieses Wortes nicht selbst mit der
Natur im Widerspruche stehet, Anlafs giebt.
Aus dieser Ursache habe ich die Betrachtung sol-

cher galvanischer Ketten, in welchen kein Theil
eine chemische Veränderung erleidet, von jenen,
deren Thätigkeit durch eine chemische Wirkung
getrübt wird, strenge geschieden und letztere im
Anhange besonders betrachtet. Diese gänzliche
Trennung beider zu einem Ganzen gehörenden
Theile und, wie es scheinen möchte, Geringerstel-
lung des letztern findet in folgendem Umstande
ihren hinreichenden Erklärungsgrund. Eine
Theorie, die auf den Namen einer unvergängli-
chen und fruchtbringenden Anspruch machen
will, darf, däucht mir, ihre edle Herkunft nicht
durch ein eitles Wortgepränge zu erkennen geben, sondern dadurch, daſs sie überall ihre Ver-
wandtschaft zu dem Geiste, der die Natur be-
seelt, durch einen Parallelismus ihrer Aeuſserungen
einfach und vollständig, ohne alles Hebezeug der
Sprache, den Herold eines Kampfes der mensch-
lichen mit einer höhern Kraft, in der Wirklichkeit nachweise. Diese Nachweisung ist für den
ersten der genannten Theile, wie ich glaube, hinreichend vorhanden, theils durch die vorangegangenen Versuche Anderer, theils durch eigene, die
anfänglich mich mit der hier entwickelten Theo-

rie befreundeten und später mich ihrer ganz ver-
sicherten. Nicht so verhält es sich in Ansehung
des zweiten Theils. Ihm fehlt fast durchaus eine
genauere Prüfung an der Erfahrung, welche vorzunehmen mir sowohl die nöthige Zeit als die
erforderlichen Mittel fehlten, darum habe ich ihn
blofs in den Winkel gestellt, aus welchem er, wenn
er es werth ist, zu seiner Zeit doch wohl hervor-
gezogen und dann bei besserer Pflege auch weiter ausgebildet werden wird. Ich kann in meiner
Lage nichts weiter für ihn thun, als ihn guther-
zigen Menschen mit der Wärme eines Vaters zu
empfehlen, der, von blinder Affenliebe nicht be-
thört, sich daran begnügt, auf das freie, offene
Auge, womit sein Kind arglos die arge Welt an-
guckt, hinzudeuten.

Mittelst des ersten und dritten Fundamentalsatzes gelangt man zu einer deutlichen Einsicht in
die oberste galvanische Erscheinung auf folgende
Weise. Denkt man sich nämlich einen, überall
gleich dicken und homogenen Ring, an dessen einer Stelle, seiner ganze Dicke nach, eine und dieselbe elektrische Spannung, d. h. Ungleichheit in
dem elektrischen Zustande zweier unmittelbar ne-

ben einander liegender Flächen, aus welchen Ursachen immer, eingetreten und demnach das
elektrische Gleichgewicht gestört worden ist, so
wird die Elektrizität in ihrem Streben, es wieder
herzustellen, wenn ihre Beweglichkeit lediglich auf
die Ausdehnung des Ringes beschränkt ist, nach
beiden Seiten desselben abfliefsen. Wenn jene
Spannung blofs ein Werk des Augenblicks war,
so wird auch in Kurzem das Gleichgewicht wieder hergestellt sein, wenn hingegen die Spannung
bleibend ist, so kann das Gleichgewicht nie wieder zurückkehren; aber die Elektrizität vermöge
ihrer nicht fühlbar gehemmten expansiven Kraft
führt in einem Zeitraume, dessen Dauer fast immer unsern Sinnen entgehet, einen Zustand herbei, der dem des Gleichgewichts am nächsten
kommt, und darin besteht, dafs durch die fort-
dauernde Bewegung der Elektrizität nirgends eine
wahrnehmbare Aenderung in der elektrischen Beschaffenheit der Körpertheile, durch welche der
Strom geht, hervorgebracht wird. Die Besonderheit dieses auch bei der Bewegung der Wärme
und des Lichtes häufig sich bildenden Zustandes
hat darin ihren Grund, dafs jedes in dem Wir-

kungskreise liegende Körpertheilchen in jedem
Augenblicke von der einen Seite her genau so
viel von der bewegten Elektrizität in sich aufnimmt, als es nach der andern Seite hin abgiebt
und darum selber immer gleich viel behält. Da
nun kraft des ersten Fundamentalsatzes der elektrische Uebergang unmittelbar nur von dem einen
Körperelemente zum nächsten Statt findet und
seiner Stärke nach, unter übrigens gleichen Umständen, durch den elektrischen Unterschied der
beiden Elemente bestimmt wird, so muſs offenbar
an dem seiner ganzen Dicke nach gleichförmig
angeregten, an allen Orten gleich beschaffenen,
Ringe jener Zustand durch eine stetige von der
Erregungsstelle ausgehende, durch den ganzen
Ring gleichförmig fortschreitende, und zuletzt
wieder in die Erregungsstelle zurückkehrende
Aenderung des elektrischen Zustandes sich ankün-
digen, während an der Erregungsstelle selbst ein
plötzlicher, die Spannung ausmachender, Sprung
in der elektrischen Beschaffenheit, wie vorausgesetzt worden ist, bleibend wahrgenommen wird.
In dieser einfachen Elektrizitätsvertheilung liegt

der Schlüssel zu den mannigfaltigsten Erscheinungen.

Die Art der Elektrizitätsvertheilung in dem Ringe ist durch die vorangegangene Betrachtung völlig bestimmt worden, aber die absolute Stärke der Elektrizität an den verschiedenen Stellen des Ringes bleibt noch ungewifs. Man kann sich diese Eigenheit am besten dadurch versinnlichen, dafs man sich den Ring, ohne seine Natur zu ändern, an der Erregungsstelle geöffnet und in eine gerade Linie ausgestreckt denkt und die Stärke der Elektrizität an jeder Stelle durch die Länge einer da errichteten senkrechten Linie, Ordinate, versinnlicht, wobei die nach oben gerichteten einen positiv elektrischen, die nach unten gestellten aber einen negativ elektrischen Zustand der Stelle bezeichnen mögen. Die Linie AB (Fig. 1.) stelle sonach den in eine gerade Linie ausgestreckten Ring vor, und die auf AB senkrechten Linien AF und BG mögen durch ihre Längen die Stärke der an den Enden A und B befindlichen positiven Elektrizitäten bezeichnen. Zieht man nun von F nach G die gerade Linie FG, ferner FH parallel mit AB, so giebt die

Lage von FG die Art der Elektrizitätsvertheilung und die Größe BG—AF oder GH die an den Enden des Ringes hervortretende Spannung zu erkennen, und die Stärke der Elektrizität an irgend einer andern Stelle C läſst sich an der Länge der durch C auf AB senkrecht gezogenen CD leicht abnehmen. Durch die Natur der galvanischen Erregung wird aber bloſs die Größe der Spannung oder die Länge der Linie GH, also zwar die Differenz der Linien AF und BG bestimmt, die absolute Größe der Linien AF und BG ist jedoch dadurch keineswegs gegeben; daher läſst sich die Art der Vertheilung eben so gut durch jede andere der vorigen parallele Linie z. B. IK darstellen, für welche die Spannung noch immer denselben Werth behält und KN ist, weil die jetzt unterhalb AB liegenden Ordinaten eine der vorigen entgegengesetzte Beziehung annehmen. Welche von den unendlich vielen der FG parallelen Linien den wirklichen Zustand des Ringes ausdrücken werde, läſst sich im Allgemeinen nicht angeben, sondern muſs in jedem Falle aus den dabei Statt findenden Umständen besonders entschieden werden. Uebrigens ist

leicht einzusehen, daſs, da die gesuchte Linie der
Lage nach gegeben ist, sie durch die Feststel-
lung eines einzigen ihrer Punkte, oder mit andern
Worten durch die Kenntniſs der elektrischen
Kraft, an einer einzigen Stelle des Ringes gänzlich
bestimmt sein wird. Wenn z. B. der Ring an
der Stelle C durch Ableitung alle Elektrizität ver-
löre, so würde die mit FG parallel durch C gezogene Linie LM in diesem Falle den elektrischen Zustand des Ringes mit voller Bestimmtheit
ausdrücken. In der hier ausgesprochenen Veränderlichkeit der Elektrizitätsvertheilung liegt der
Grund einer den galvanischen Ketten eigenthümlichen Wandelbarkeit der Erscheinung. Noch
füge ich bei, daſs es offenbar ganz gleichgültig
ist, ob man die Stellung der Linie FG zu der
AB bestimmt, oder ob man die Lage der Linie
FG immer dieselbe bleiben läſst und dagegen
die Stellung der Linie AB gegen sie verändert,
welches letztere Verfahren eine viel gröſsere Einfachheit gestattet in solchen Fällen, wo die Elektrizitätsvertheilung eine mehr zusammengesetzte
Gestalt annimmt.

Die eben vorgebrachte und für einen seiner

ganzen Ausdehnung nach homogenen Ring gültige Schlußsweise läßt sich leicht auf einen aus
noch so vielen heterogenen Theilen zusammengesetzten Ring ausdehnen, wenn nur jeder Theil an
sich homogen und überall von gleicher Dicke ist.
Als Beispiel dieser Erweiterung mag ein aus zwei
heterogenen Theilen zusammengesetzter Ring hier
noch behandelt werden. Man stelle sich diesen
Ring wieder wie vorhin an einer seiner Erregungsstellen geöffnet und in die gerade Linie
ABC (Fig. 2.) ausgestreckt vor, so daß AB und
BC die beiden heterogenen Theile des Ringes
bezeichnen. Die Senkrechten AF, BG sollen
durch ihre Längen die an den Enden des Theiles AB, dagegen BH und CI die an den Enden
des Theiles BC vorhandenen elektrischen Kräfte,
demnach AF+CI oder FK die Spannung an der
geöffneten Erregungsstelle, und GH die bei der
Berührungsstelle in B eingetretene Spannung vorstellen. Hat man nun bloß den bleibenden Zustand der Kette vor Augen, so werden aus der
vorhin angezogenen Ursache die geraden Linien
FG und HI durch ihre Lage die Art der Elektrizitätsvertheilung in dem Ringe zu erkennen ge-

ben; ob aber die Linie AC an ihrer Stelle bleiben werde, oder ob sie weiter hinauf oder weiter
herab gerückt werden müsse, bleibt ungewifs und
kann nur in jedem besondern Falle durch ander-
weitige Betrachtungen ausgemacht werden. Wenn
z. B. die Stelle O der Kette ableitend berührt und
dadurch aller Elektrizität beraubt würde, so
müfste die ON verschwinden und daher würde
die durch N mit AC parallel gezogene Linie LM
die in diesem Falle erforderliche Stellung von
AC zu erkennen geben. Man sieht hieraus, wie
bald diese, bald eine andere Stellung der Linie
AC zu der die Elektrizitätsvertheilung darstellenden Figur FGHI die den Umständen angemessene
werden kann, und erkennt darin die Quelle der
schon erwähnten Wandelbarkeit galvanischer . Erscheinungen.

Es ist jedoch zu einer gründlichen Beurtheilung des vorliegenden Falles noch die Beachtung
eines Umstandes wesentlich erforderlich, dessen
Erwähnung bisher absichtlich, um die verschiedenen Momente so scharf wie möglich von einander abzusondern, unterblieben ist. Die Entfernungen FK und GH sind zwar allerdings durch

die an den beiden Erregungsstellen vorhandenen
Spannungen gegeben, aber dadurch allein wird
die Figur FG'H'l' noch nicht gänzlich bestimmt.
Es könnten z. B. die Punkte G und H nach G'
und H' herab, rücken, so dafs G'H' = GH wäre,
dann würde die Figur FG'H'l entstehen, durch
welche eine ganz andere Art der Elektrizitätsvertheilung angezeigt würde, obgleich in ihr die einzelnen Spannungen noch ihre vorige Gröfse behalten haben. Soll mithin das für die zweigliede-
rige Kette Vorgebrachte einen Sinn erhalten, der
keiner willkührlichen Deutung mehr unterworfen
ist, so mufs diese Unbestimmtheit sich aus dem
Wege räumen lassen. Dieses Geschäft übernimmt
der erste Fundamentalsatz in folgender Art. Da
nämlich nur der von der Zeit unabhängige Zustand des Ringes berücksichtiget wird, so mufs,
wie schon erwähnt worden ist, jeder Querschnitt
in jedem Augenblicke von der einen Seite her
dieselbe Elektrizitätsmenge empfangen, welche er
nach der andern Seite hin abgibt. Diese Bedingung zieht auf Strecken des Ringes, die an
ihren verschiedenen Stellen völlig einerlei Beschaffenheit haben, die stetig und gleichförmig sich

ändernde Vertheilung nach sich, welche in der
ersten Figur durch die gerade Linie FG und in
der zweiten Figur durch die geraden Linien FG
und H1 vorgestellt worden ist; wenn aber die
räumliche oder die physische Natur des Ringes
von einem Theile zum andern, aus denen er be-
stehet, sich ändert, so fällt der Grund dieser Ste-
tigkeit und Gleichförmigkeit weg, daher muſs die
Art der Verbindung der einzelnen geraden Linien
unter sich zur vollständigen Figur aus andern
Betrachtungen erst abgeleitet werden. Um die
Sache zu erleichtern, will ich die räumliche und
physische Verschiedenheit der einzelnen Theile,
jede für sich, einer besondern Betrachtung unterwerfen.

Nimmt man zuvörderst an, daſs jeder Querschnitt des Theiles BC m mal kleiner, als in dem
Theile AB sei, während beide Theile aus einerlei Stoff gebildet sind, so kann der von der
Zeit unabhängige elektrische Zustand des Ringes,
welcher fordert, daſs überall im ganzen Ringe
von der einen Seite her eben so viel Elektrizität
zuflieſse, als nach der andern Seite hin abflieſst,
offenbar nur unter der Bedingung Statt finden,

dafs in derselben Zeit von einem Elemente zum andern innerhalb des Theiles BC der elektrische Uebergang m mal gröfser sei, als in dem Theile AB, weil nur auf solche Weise die Wirkung in beiden Theilen sich das Gleichgewicht halten kann. Um aber diesen m mal gröfsern Uebergang der Elektrizität von Element zu Element hervorzurufen, mufs in Folge des ersten Fundamentalsatzes innerhalb des Theiles BC die elektrische Differenz von Element zu Element m mal gröfser sein, als in dem Theile AB, oder, wenn diese Bestimmung in die Figur übergetragen wird, es mufs die Linie HI auf gleiche Strecken sich m mal mehr senken, oder ein m mal gröfseres Gefälle haben, als die Linie FG, wo man unter dem Ausdrucke »Gefälle« die Differenz solcher Ordinaten zu verstehen hat, die zu zwei um die Längeneinheit von einander entfernten Stellen gehören. Es ergiebt sich aus dieser Betrachtung folgende Regel: *Die Gefälle der Linien FG und HI müssen sich in den aus einerlei Stoff gebildeten Theilen AB und BC zu einander verhalten, wie die Querschnitte dieser Theile*

in umgekehrter Ordnung. Dadurch nun wird
die Figur FGHI völlig bestimmt.

Wenn die Theile AB und BC des Ringes
zwar einerlei Querschnitt besitzen, aber aus verschiedenem Stoffe bestehen, so wird der Elektrizi-
tätsübergang jetzt nicht mehr blos von der in jedem Theile von Element zu Element fortrücken-
den Elektrizitätsänderung, sondern zugleich auch
von der besondern Natur eines jeden Stoffes abhängig sein. Diese lediglich durch die materielle
Besonderheit der Körper bedingte Verschiedenheit in der Elektrizitätsverbreitung, sie mag in
dem besonderen Gefüge eines jeden Körpers,
oder in irgend einem andern eigenthümlichen
Verhalten der Körper zur Elektrizität ihren Grund
haben, begründet eine Unterscheidung in dem
elektrischen Leitungsvermögen der verschiedenen
Körper, und vorliegender Fall selbst kann über
die wirkliche Existenz eines solchen Unterschiedes
Auskunft und zu seiner näheren Bestimmung Anlaſs geben. In der That da der aus den beiden
Theilen AB und BC zusammengesetzte Ring von
dem homogenen sich nur dadurch unterscheidet,
daſs beide Theile aus zweierlei Stoff gebildet sind,

so wird eine Verschiedenheit in dem Gefälle der
beiden Linien FG und HI eine Verschiedenheit
in dem Leitungsvermögen der beiden Stoffe zu
erkennen geben, und die eine zur Bestimmung
der andern dienen können. Auf solche Weise
gelangt man zu folgendem die Stelle einer Defi-
nition vertretenden Satze: *In einem aus* 2
*Theilen AB und BC von gleichem Quer-
schnitte und verschiedenem Stoffe gebildeten
Ringe verhalten sich die Gefälle der Linien
FG und HI wie die zu beiden Theilen gehörigen Leitungsvermögen in umgekehrter Ordnung.* Hat man die Leitungsfähigkeiten der verschiedenen Stoffe einmal aufgefunden, so können
diese in jedem vorkommenden Falle zur Bestimmung der Gefälle der Linien FG und HI ge-
braucht werden. Dadurch aber wird die Figur
FGHI gänzlich bestimmt. Die Bestimmung des
Leitungsvermögens aus der Elektrizitätsvertheilung
wird durch die geringe Intensität der galvanischen
Elektrizität und die Unvollkommenheit der dazu
erforderlichen Werkzeuge sehr erschwert; später wird sich hierzu ein bequemeres Mittel darbieten.

Von diesen beiden besondern Fällen kann man sich nun auf die gewohnte, Weise zu dem allgemeinen erheben, wo die beiden prismatischen Theile des Ringes weder einerlei Querschnitt besitzen, noch aus demselben Stoffe gebildet sind. *In diesem Falle müssen sich die in beiden Theilen herrschenden Gefälle umgekehrt wie die Produkte aus den entsprechenden Querschnitten und Leitungsvermögen verhalten.* Dadurch wird man in den Stand gesetzt, in jedem Falle die Figur **FGHI** gänzlich zu bestimmen, sonach die Art der Elektrizitätsvertheilung in dem Ringe vollständig zu erkennen. Man kann alle bisher einzeln aufgefaßten Eigenthümlichkeiten des aus zwei heterogenen Theilen zusammengesetzten Ringes in folgender Art zusammenfassen: *In einer aus zwei heterogenen, prismatischen Theilen zusammengesetzten galvanischen Kette findet in Ansehung ihrer elektrischen Beschaffenheit an jeder Erregungsstelle von dem einen Theile zum andern ein plötzlicher, die daselbst befindliche Spannung bildender Sprung, und von dem einen Ende eines jeden Theils zum andern ein*

*allmähliger und gleichförmiger Uebergang
Statt, und die Gefälle dieser beiden Uebergänge sind den Produkten aus dem Leitungsvermögen und dem Querschnitte eines jeden
Theils umgekehrt proportional.*

Auf diesem Wege fortschreitend wird man
ohne grofse Mühe die elektrische Beschaffenheit
eines aus drei oder mehr heterogenen Theilen
zusammengesetzten Ringes zu erforschen im
Stande sein, und so zu nachstehendem allgemeinen Gesetze gelangen: *In einer aus beliebig
vielen prismatischen Theilen zusammengesetzten galvanischen Kette findet in Ansehung ihrer
elektrischen Beschaffenheit an jeder Erregungsstelle von dem einen Theile zum andern
ein plötzlicher, die daselbst herrschende Spannung bildender Sprung und innerhalb eines
jeden Theils von dem einen Ende zum andern ein allmähliger und gleichförmiger Uebergang Statt, und die Gefälle der verschiedenen Uebergänge sind den Produkten aus dem
Leitungsvermögen und dem Querschnitte eines jeden Theils umgekehrt proportional.* Aus
diesem Gesetze läfst sich in jedem besondern

Falle die ganze Vertheilungsfigur leicht herleiten,
wie ich nun an einem Beispiele zeigen werde.

Es sei ABCD (Fig. 3.) ein aus **3** heterogenen Theilen AB, BC, CD zusammengesetzter, an
einer seiner Erregungsstellen geöffneter und in
eine gerade Linie ausgestreckter Ring. Die geraden Linien FG, HI, KL sollen durch ihre Lage
die Art der Elektrizitätsvertheilung in jedem einzelnen Theile des Ringes und die durch A, B, C
und D auf AD senkrecht gezogenen Linien AF,
BG, BH, CI, CK und DE solche Größen vorstellen
daß GH, KI und LM oder DL—AF durch ihre
Länge die Größe der an den einzelnen Erregungsstellen befindlichen Spannungen zu erkennen geben.
Man soll aus der bekannten Größe dieser Spannungen und aus der gegebenen Natur der einzelnen
Theile AB, BC und CD die Figur der elektrischen Vertheilung FGHIKL gänzlich bestimmen.

Zieht man durch die Punkte F, H und K
mit AD parallel gerade Linien, welche die durch
B, C und D senkrecht auf AD gezogenen in den
Punkten F' H' und K' schneiden, so sind nach
dem, was bisher gezeigt worden ist, die Linien
GF', IH' und LK' den Längen der Theile AB,

BC und CD direkt und den Produkten aus dem Leitungsvermögen und dem Querschnitte derselben Theile umgekehrt proportional, mithin ist das Verhältnifs der Linien GF', IH' und LK' zu einander gegeben. Ferner ist GF'+IH'+LK'= GH—KI+ (DL—AF=LM) also bekannt, weil die durch GH, KI und DL—AF vorgestellten Spannungen gegeben sind. Aus dem gegebenen Verhältnisse der Linien GF', IH', LK' und ihrer bekannten Summe lassen sich nun diese Linien einzeln finden, dann ist aber offenbar die Figur FGHIKL gänzlich bestimmt. Die Stellung dieser Figur zu der Linie AD bleibt der Natur der Sache nach noch unentschieden.

Wenn man erwägt, dafs bei einem Fortschreiten in derselben Richtung AD die Spannungen GH und DL—AF oder LM ein plötzliches Sinken der elektrischen Kraft an den betreffenden Erregungsstellen, die IK dagegen ein plötzliches Steigen der Kraft zu erkennen gibt und in Folge dieser Erwägung Spannungen der erstern Art als positive Gröfsen, Spannungen der letztern Art dagegen als negative Gröfsen ansieht und behandelt, so führt das eben behandelte Beispiel zu folgender allgemein gültigen Regel: *Theilt man die Summe aller Spannungen des aus mehrern Theilen zusammengesetzten Ringes in eben so viele Stücke, welche den Längen der Theile direkt und den Produkten aus ihrem Leitungsvermögen und ihrem Querschnitte umgekehrt proportional sind, so geben diese' Stücke der Reihe nach die Gröfse der Abdachung zu erkennen, welche den zu den einzelnen Theilen gehörigen, die Elektrizitätsvertheilung darstellenden, geraden Linien gegeben werden mufs, und dabei zeigt die positive Summe aller Spannungen eine allgemeine Hebung, dagegen die negative Summe aller Spannungen eine allgemeine Senkung jener Linien an.*

Ich gehe nun zur Bestimmung der elektrischen Kraft einer beliebigen Stelle in jeder galvanischen Kette über, wobei ich wieder die dritte Figur zum Grunde legen werde. Zu dem Ende sollen a, a', a'' die bei B, C und zwischen A und D befindlichen Spannungen bezeichnen, so dafs also in diesem Falle a und a'' additive, a' dagegen eine subtraktive Linie vorstellt und λ, λ', λ'' sollen irgend Linien andeuten, die sich direkt wie die Längen der Theile AB, BC, CD und umgekehrt wie die Produkte aus dem Leitungsvermögen und dem Querschnitte derselben Theile verhalten, ferner soll

$$a + a' + a'' = A$$

und

$$\lambda + \lambda' + \lambda'' = L$$

gesetzt werden, so ist nach dem eben gefundenen Gesetze

GF′ die vierte Proportionallinie zu L, A und λ

IH′ die vierte Proportionallinie zu L, A und λ'

LK′ die vierte Proportionallinie zu L, A und λ''.

Zieht man nun durch F parallel mit AD die Linie FM, betrachtet diese Linie als Achse der Abscissen und errichtet an beliebigen Punkten X, X′, X″ die Ordinaten XY, X′Y′, X″Y″, so erhält man diese einzeln so:

Erstlich hat man, weil AB=FF^L ist,

$$AB \quad GF′=FX : XY,$$

woraus folgt:

$$XY = \frac{FX \cdot GF′}{AB},$$

oder wenn man für GF′ seinen Werth $\dfrac{A \cdot \lambda}{L}$ setzt

$$XY = \frac{A}{L} \cdot \frac{FX.\ \lambda}{AB}$$

bezeichnet nun x eine Linie von der Beschaffenheit, daſs

$$AB : FX = \lambda : x,$$

so wird

$$XY = \frac{A}{L} \cdot x.$$

Zweitens hat man, weil BC und F'X' gleich den
durch I und Y' mit AD parallel bis an GH gezogenen Linien sind,

$$BC : IH' = F'X' : F'H - X'Y',$$

woraus folgt:

$$- XY' = \frac{IH'.\ F'X'}{BC} - F'H$$

oder, weil F'H = GH−GF' ist,

$$- X'Y' = \frac{IH'.\ F'X'}{BC} + GF' - a.$$

Setzt man nun statt IH' und GF' ihre Werthe
$\dfrac{A.\lambda'}{L}$ und $\dfrac{A.\lambda}{L}$, so erhält man

$$- X'Y' = \frac{A}{L} \left(\lambda + \frac{F'X'.\ \lambda'}{BC}\right) - a;$$

und wenn man durch x' eine Linie von der Beschaffenheit bezeichnet, daſs

$$BC : F'X' = \lambda' \quad x'$$

so wird

$$- X'Y' = \frac{A}{L} (\lambda + x') - a.$$

Drittens hat man, weil $CD = KK'$ und $F''X''$ gleich dem Theile von KK' ist, der von K bis an die Linie $X''Y''$ geht,

$$CD : LK' = F''X'' : X''Y'' - KF'',$$

woraus folgt

$$X''Y'' = \frac{LK'.F''X''}{CD} + KF'',$$

oder, weil $KF'' = KI + IH' - F'H$ und wieder $F'H = GH - GF'$ ist,

$$X''Y'' = \frac{LK'.F''X''}{CD} + IH' + GF' - (a + a').$$

Setzt man nun statt LK', IH', GF' ihre Werthe $\frac{A.\lambda''}{L}$, $\frac{A.\lambda'}{L}$, $\frac{A.\lambda}{L}$, so erhält man

$$X''Y'' = \frac{A}{L}(\lambda + \lambda' + \frac{F''X''.\lambda''}{CD}) - (a + a');$$

und wenn man durch x'' eine Linie von der Beschaffenheit bezeichnet, daſs

$$CD : F''X'' = \lambda'' : x'' \text{ ist,}$$

so wird

$$X''Y'' = \frac{A}{L} (\lambda + \lambda' + x'') - (a + a').$$

Diese zu den dreierlei Theilen der Kette gehörigen der Form nach von einander verschiedenen Werthe der Ordinaten lassen sich, wie
folgt, auf einen allgemeinen Ausdruck bringen.
Es ist nämlich, wenn F als Anfangspunkt der
Abscissen angenommen wird, FX' die der Ordinate XY entsprechende Abscisse, welche zu dem
homogenen Stücke AB des Ringes gehört und
x stellt die dieser Abscisse entsprechende, in dem
Verhältnisse von AB : λ reduzirte, Länge vor.
Eben so ist FX' die der Ordinate X'Y' entsprechende Abscisse, welche aus den zu homogenen
Stücken des Ringes gehörigen Theilen FF' und
F'X' zusammengesetzt ist und λ, x' sind die diesen Theilen entsprechenden, in den Verhältnissen
von AB: λ und BC: λ' reduzirten Längen. Endlich ist FX'' die der Ordinate X''Y'' entsprechende
Abscisse, welche aus den zu homogenen Stücken
des Ringes gehörigen Theilen FF', F'F'', F''X''
zusammengesetzt ist und λ, λ' x'' sind die diesen
Theilen entsprechenden, in den Verhältnissen von
AB: λ, BC: λ', CD: λ'' reduzirten Längen. Nennt
man in Folge dieser Betrachtung die Werthe x,

$\lambda + x'$, $\lambda + \lambda' + x''$ *reduzirte Abscissen* und bezeichnet sie allgemein durch y, so wird

$$XY = \frac{A}{L} \cdot y$$

$$- X'Y' = \frac{A}{L} \; y - a$$

$$X''Y'' = \frac{A}{L} \; y - (a + a'),$$

und es fällt in die Augen, daſs L in Bezug auf die ganze Länge AD oder FM dasselbe ist, was y in Bezug auf die Längen FX, FX', FX'', weſshalb auch L die reduzirte ganze Länge der Kette genannt wird. Betrachtet man nun noch, daſs von der zur Ordinate XY gehörigen Abscisse keine Spannung, die Spannung a aber von der zur Ordinate X'Y' gehörigen Abscisse, und die Spannungen a und a' von der zur Ordinate X'' Y'' gehörigen Abscisse übersprungen werden, und bezeichnet allgemein durch O die Summe aller von der zu y gehörigen Abscisse übersprungenen Spannungen, so sind alle für die verschiedenen Ordinaten gefundenen Werthe in folgendem Ausdrucke:

$$\frac{A}{L} \cdot y - O$$

enthalten. Es drücken aber diese Ordinaten, wenn man sie um eine konstante, übrigens unbestimmte Gröfse, die der Länge. AF entspricht, abändert, die an den verschiedenen Stellen des Ringes befindlichen elektrischen Kräfte aus. Bezeichnet man daher die elektrische Kraft an irgend einer Stelle allgemein durch u, so erhält man zu deren Bestimmung nachstehende Gleichung:

$$u = \frac{A}{L} \, y - O + c,$$

in welcher c eine willkührliche Konstante vorstellt. Diese Gleichung ist allgemein gültig und lautet in Worten so: *Die Stärke der Elektrizität an irgend einer Stelle der aus mehreren Theilen zusammengesetzten galvanischen Kette wird gefunden, wenn man zur reduzirten Länge der ganzen Kette, zur reduzirten Länge des zur Abscisse gehörigen Theils derselben und zur Summe aller Spannungen die vierte Proportionallinie sucht und die Differenz aus ihr und der Summe aller von der Abscisse übersprungenen Spannungen um eine*

noch unbestimmte, für alle Stellen der Kette
gleiche Größe vermehrt oder vermindert.

Nachdem so die Bestimmung der elektrischen
Kraft an jeder Stelle der Kette geschehen ist,
bleibt nur noch die Größe der elektrischen Strö-
mung zu bestimmen übrig. Nun ist zwar in einer galvanischen Kette von der bisher abgehan-
delten Art die durch einen Schnitt derselben in
einer bestimmten Zeit strömende Elektrizitätsmenge
überall dieselbe, weil an allen Orten und in jedem Augenblicke von der einen Seite her dieselbe
Menge in den Schnitt eingeht, welche ihn nach
der andern Seite hin verläfst, aber in verschiedenen Ketten kann diese Elektrizitätsmenge sehr
verschieden ausfallen; daher wird zur Vergleichung der Wirkungen mehrerer galvanischer
Ketten unter einander eine genaue Bestimmung
dieser Menge, durch welche die Größe des Stromes in der Kette gemessen wird, erfordert. Die
gedachte Bestimmung läfst sich aus der dritten
Figur in folgender Art entnehmen. Es ist nämlich schon vorhin gezeigt worden, dafs in jedem
Augenblicke die Stärke des Elektrizitätsüberganges
von einem Körperelemente zum nächsten durch

C

die zu derselben Zeit vorhandene elektrische Verschiedenheit beider und durch eine von der Art
und dem Gefüge der Körpertheilchen abhängige
Größe, das Leitungsvermögen des Körpers, gegeben werde. Nun wird aber die auf eine unveränderliche Einheit der Entfernung zurückge-
führte elektrische Verschiedenheit der Körperelemente, z. B. in dem Theile BC, durch das Gefälle der Linie HH, oder durch den Quotienten
$\frac{IH'}{BC}$ ausgedrückt; versteht man daher unter $\varkappa$ die
Größe des zu dem Theile BC gehörigen Lei-
tungsvermögens, so giebt

$$\frac{\varkappa \cdot IH'}{BC}$$

die Stärke des Ueberganges von Element zu Element oder die *Intensität* des Stromes in dem
Theile BC zu erkennen, mithin wird, wenn ω die
Größe des Querschnittes im Theile BC bezeichnet, die Menge der in jedem Augenblicke von einem Durchschnitte zum nächsten übergehenden
Elektrizität, oder die *Größe* des Stromes ausgedrückt durch

$$\frac{\varkappa \cdot \omega \cdot IH'}{BC};$$

stellt also S diese Gröfse des Stromes vor, so
hat man

$$S = \frac{\varkappa \cdot \omega \cdot IH'}{BC},$$

oder wenn man für IH' seinen Werth $\frac{A \cdot \lambda'}{L}$

setzt

$$S = \frac{A}{L} \cdot \frac{\varkappa \cdot \omega \cdot \lambda'}{BC}.$$

Bisher sind durch die Buchstaben λ, λ', λ''
Linien bezeichnet worden, welche den Quotien-
ten, gebildet aus den Längen der Theile AB, BC,
CD und den Produkten der zugehörigen Leitungsvermögen und Querschnitte, proportional sind.
Schränkt man diese die absolute Gröfse der Li-
nie λ, λ', λ'' noch unbestimmt lassende Feststel-
lung jetzt dahin ein, dafs die Gröfsen λ, λ', λ''
den genannten Quotienten nicht blos proportional,
sondern auch gleich sein sollen, und ändert dieser
Beschränkung gemäfs den Sinn des Ausdruckes
»reduzirte Länge« von hier an ab, so verwandelt
sich die erste der beiden vorstehenden Gleichungen in diese

$$S = \frac{IH'}{\lambda'},$$

C 2

durch welche folgende allgemein gültige Regel
ausgesprochen wird: *Die Größe des Stromes
in irgend einem homogenen Theile der Kette
wird durch den Quotienten bestimmt, den man
aus dem Unterschiede der an den Enden dieses Theils vorhandenen elektrischen Kräfte
und aus seiner reduzirten Länge bildet.* Dieser Ausdruck für die Größe des Stromes wird
später noch benutzt werden. Die zweite der vorigen Gleichungen geht durch die getroffene Abänderung über in

$$ S = \frac{A}{L}, $$

welche allgemein gültig ist und die Gleichheit
der Größe des Stromes an allen Stellen der
Kette schon durch ihre Form zu erkennen gibt;
sie lautet in Worten so: *Die Größe des Stromes in einer galvanischen Kette ist der Summe aller Spannungen direkt, und der ganzen
reduzirten Länge der Kette umgekehrt proportional,* wobei man sich erinnern muß, daß
jetzt unter reduzirter Länge die Summe aller
Quotienten verstanden wird, die aus den zu homogenen Theilen gehörigen wirklichen Längen

und dem Produkte der entsprechenden Leitungs
vermögen und Querschnitte gebildet werden.

Aus der die Gröfse des Stromes in einer
galvanischen Kette bestimmenden Gleichung im
Vereine mit der vorhin gefundenen, wodurch die
elektrische Kraft an jeder Stelle der Kette angegeben wird, lassen sich alle dahin gehörigen Erscheinungen der galvanischen Kette einfach und
sicher ableiten. Jene hatte ich schon vordem aus
vielfach abgeänderten Versuchen entnommen *),
an einem Apparate, der eine in diesem Felde
nicht geahnete Genauigkeit und Bestimmtheit der
Messungen gestattet; diese drückt alle ihr angehörigen, in grofser Menge schon vorhandenen,
Beobachtungen mit einer Treue aus, die auch da
sich bewährt, wo die Gleichung zu Resultaten
führt, die nicht mehr in dem Kreise der früher
schon gemachten Versuche liegen. Beide gehen
ununterbrochen Hand in Hand mit der Natur,
wie ich nun durch eine kurze Darlegung ihres
Inhaltes zu beweisen hoffe, wobei ich anzumerken
für nöthig halte, dafs beide Gleichungen auf alle

---

*) Schweiggers Jahrbuch 1826. H. 2.

möglichen galvanischen Ketten, deren Zustand bleibend ist, sich beziehen, folglich auch die voltaische Zusammensetzung als einen besondern Fall umfassen, so dafs die Theorie der Säule nicht noch besonders hervorgehoben zu werden braucht. Um der Anschaulichkeit nicht zu schaden, werde ich dabei stets statt der Gleichung

$$u = \frac{A}{L} y - O + c$$

nur die dritte Figur zur Hülfe nehmen, und defshalb hier nur noch ein für allemal bemerken, dafs alle aus ihr gezogenen Folgerungen allgemeine Gültigkeit haben.

Zunächst verdient der Umstand eine nähere Berücksichtigung, dafs die über die galvanische Kette sich ergiefsende Elektrizitätsvertheilung an den verschiedenen Stellen eine bleibende und unveränderliche Abstufung behauptet, obgleich die Stärke der Elektrizität an einer und derselben Stelle veränderlich ist. Es liegt darin der Grund jener magischen Wandelbarkeit der Erscheinungen, die es gestattet, die Einwirkung einer bestimmten Stelle der galvanischen Kette auf das Elektrometer, auf eine zauberische Weise nach Gefallen voraus zu bestimmen und auf den Wink

hervorzubringen. Um diese Eigenheit zu erläutern, gehe ich zu Fig. 3 zurück. Da nämlich
durch die Natur einer jeden Kette die Vertheilungsfigur FGHIKL jedesmal gänzlich bestimmt
wird, ihre Stellung aber zu der Kette AD, wie es
sich gezeigt hat, durch keine innere Veranlassung
festgesetzt wird, sondern jede Veränderung annehm-
men kann, die durch eine allen ihren Punkten ge-
meinsame in der Richtung der Ordinaten erfolgende
Bewegung hervorgebracht wird, so läfst sich die
elektrische Beschaffenheit einer jeden Stelle der
Kette, welche gerade durch diese gegenseitige
Stellung beider Linien ausgesprochen wird, fortwährend und nach Belieben durch äufsere Einflüsse abändern. Wenn z. B. AD zu irgend einer Zeit die den wirklichen Zustand der Kette
bezeichnende Stellung ist, so dafs also die Ordinate SY″ durch ihre Länge die Stärke der Elektrizität an der Stelle S der Kette zu welcher jene
Ordinate gehört, ausspricht, so wird zu derselben
Zeit die dem Punkte A entsprechende elektrische
Kraft durch die Linie AF vorgestellt. Wird nun
der Punkt A ableitend berührt und dadurch die
in ihm befindliche Kraft vernichtet, so wird da-

durch die Linie AD in die Stellung FM gewiesen,
und so die dem vorigen Punkte S inwohnende
Kraft durch die Länge X"Y" ausgedrückt; diese
Kraft hat also plötzlich eine der Länge SX" entsprechende Veränderung erlitten. Dieselbe Aenderung wäre eingetreten, wenn die Kette in dem
Punkte Z ableitend berührt worden wäre, weil
die Ordinate ZW der AF gleich ist. Würde
die Kette an der Stelle berührt, wo die beiden
Theile AB und BC an einander stofsen, jedoch
so, dafs die Berührung innerhalb des Theiles BC
Statt fände, so müfste man sich AD an die Stelle
NO gerückt denken, die elektrische Kraft des
Punktes S wäre also in diesem Falle bis zu der
durch TY" angezeigten Stärke angewachsen. Ge-
schähe aber die Berührung zwar noch an der
Stelle, wo die Theile AB und BC an einander
stofsen, aber innerhalb des Theiles AB, so würde
dadurch die Linie AD an die Stelle PQ geführt
und die dem Punkte S angehörige Kraft sänke
bis auf die durch UY" ausgedrückte negative
Stärke herab. Hätte man endlich die Kette an
der Stelle D ableitend berührt, so hätte man dadurch der Linie AD die Lage RL vorgeschrieben,

und die elektrische Kraft des Punktes S hätte
die durch VY″ bezeichnete negative Stärke angenommen. Das Gesetz dieser Aenderungen läfst
sich leicht übersehen und allgemein so ausspre-
chen: *Jede Stelle einer galvanischen Kette
erleidet in Ansehung ihrer nach aufsen wirkenden elektrischen Kraft dieselbe Aenderung
mittelbar, zu welcher irgend eine andere Stelle
der Kette durch äufsere Einflüsse unmittelbar veranlafst wird.*

Da jede Stelle einer galvanischen Kette dieselbe Aenderung von selbst erleidet, zu welcher
eine einzige Stelle gezwungen wird, so ist die auf
die ganze Kette ausgedehnte Aenderung der Elektrizitätsmenge einerseits der Summe aller Stellen,
das heifst, dem Raume, über welchen die Elektrizität an der Kette vertheilt ist, und aufserdem
noch der an einer dieser Stellen erfolgten Aenderung der elektrischen Kraft proportional. Aus
diesem einfachen Gesetze ergeben sich folgende
besondere Erscheinungen. Nennt man nämlich r
den Raum, über welchen die Elektrizität in einer
galvanischen Kette verbreitet ist, und stellt sich
diese Kette an irgend einer Stelle durch einen

nicht leitenden Körper berührt vor, und bezeichnet durch u, die elektrische Kraft dieser Stelle
vor der Berührung, durch u die nach der Berührung, so ist die an dieser Stelle erfolgte Aenderung der Kraft u, — u, mithin die Aenderung
der ganzen in der Kette befindlichen Elektrizitätsmenge (u, — u) r. Nimmt man nun an, daſs
die Elektrizität in dem berührenden Körper auf
den Raum R und an allen Orten von gleicher
Stärke verbreitet werde, und zugleich, daſs an
der Berührungsstelle selber die Kette und der
Körper einerlei elektrische Kraft, nämlich u besitzen, so ist offenbar uR die in den Körper ein-
gegangene Elektrizitätsmenge, und es muſs sein

$$(u, — u) \, r = uR,$$

woraus man erhält

$$u = \frac{u, \, r}{r + R}$$

*Die Intensität der von dem Körper aufge-
nommenen Elektrizität wird also um so mehr
der gleich sein, welche die Kette an der berührten Stelle vor der Berührung besaſs, je-
mehr R gegen r verschwindet; sie wird die
Hälfte davon betragen, wenn r = R ist, und*

*in dem Maafse noch schwächer werden, als
R in Vergleich zu r gröfser wird.* Weil die
Art dieser Aenderungen blos von der relativen
Gröfse der Räume r. und R und ganz und gar
nicht von der qualitativen Beschaffenheit der
Kette abhängig ist, so werden sie blos durch
die räumlichen Dimensionen der Kette, ja sogar
schon durch fremde mit der Kette in leitenden
Zusammenhang gebrachte Massen bedingt. Bringt
man mit dieser Erkenntnifs die Theorie des Kon-
densators in Verbindung, so gelangt man zu der
Erklärung aller von *Jäger* *) in bewundernswür-
diger Vollständigkeit wahrgenommenen Beziehungen der galvanischen Kette zu dem Kondensator.
Ich begnüge mich, in Betreff dieses Punktes auf
die Abhandlung selbst hinzuweisen, um für neue
Eigenthümlichkeiten der galvanischen Kette hier
Platz zu gewinnen.

Die Art der Elektrizitätsvertheilung innerhalb
eines homogenen Theils der Kette wird durch
die Stärke der Gefälle der Linien FG, HI, KL
(Fig. 3.) und diese Stärke wieder durch die

---

*) Gilberts Annalen B. XIII.

Größe der Verhältnisse $\frac{GF'}{AB}$, $\frac{IH'}{BC}$, $\frac{LK'}{CD}$ bestimmt.

Es ist aber, wie bereits dargethan worden ist,

$$GF' = \frac{A}{L} \cdot \lambda, \quad IH' = \frac{A}{L} \cdot \lambda', \quad LK'' = \frac{A}{L} \cdot \lambda'',$$

hieraus läßt sich nun ohne Mühe einsehen, daß man die Größe des Gefälles der zu irgend einem Theile der Kette gehörigen, die Elektrizitätsvertheilung darstellenden Linie erhalte, wenn man den

Werth $\frac{A}{L}$ mit dem Verhältnisse der reduzirten

zur wirklichen Länge desselben Theils multiplizirt. Stellt also (λ) die reduzirte Länge irgend eines homogenen Theiles der Kette und (l) seine wirkliche Länge vor, so ist die Größe des Gefälles der zu diesem Theile gehörigen, die Elektrizitätsvertheilung darstellenden geraden Linie

$$\frac{A}{L} \cdot \frac{(\lambda)}{(l)},$$

welcher Ausdruck, wenn man durch ($\varkappa$) das Leitungsvermögen und durch (ω) den Querschnitt desselben Theiles bezeichnet, auch so geschrieben werden kann:

$$\frac{A}{L} \quad \frac{(\lambda)}{(\varkappa)(\omega)} \cdot$$

Dieser Ausdruck führt zu einer mehr ins
Einzelne gehenden Kenntnifs der Elektrizitätsvertheilung in einer galvanischen Kette. Da nämlich A und L Werthe bezeichnen, die für jeden
Theil einer und derselben Kette unveränderlich
dieselben bleiben, so fällt in die Augen, *dafs die
Gefälle in den einzelnen homogenen Theilen
einer Kette sich zu einander verhalten, wie
die Produkte aus dem Leitungsvermögen und
dem Querschnitte derselben Theile in umgekehrter Ordnung.* Wenn mithin ein Theil der
Kette sich vor den übrigen dadurch auszeichnet,
dafs das Produkt aus seinem Leitungsvermögen
und seinem Querschnitte bei ihm weit kleiner ist
als bei den andern, so wird er durch die Gröfse
seines Gefälles unter allen am geeignetsten sein,
an seinen verschiedenen Stellen Unterschiede der
elektrischen Kraft zu erkennen zu geben. Steht
dabei auch seine wirkliche Länge denen der übrigen Theile nicht nach, so wird seine reduzirte
Länge die der übrigen Theile bei weitem über-
treffen, und man sieht leicht ein, dafs ein solches
Verhältnifs zwischen den verschiedenen Theilen
getroffen werden kann, wobei seine reduzirte

Länge selbst in Vergleich zur Summe der reduzirten Länge aller übrigen Theile noch sehr grofs
bleibt. In diesem Falle ist aber die reduzirte
Länge dieses einen Theiles der reduzirten Länge
der ganzen Kette nahe hin gleich, so dafs man

ohne grofsen Fehler $\dfrac{(l)}{(x)\,(\omega)}$ statt L setzen kann,

wenn (l) die wirkliche Länge des in Rede stehenden Theils, (x) sein Leitungsvermögen und (ω)
seinen Querschnitt bezeichnet; dann aber verwandelt sich das Gefälle dieses Theils nahe hin in

$$\frac{A}{(l)}$$

woraus folgt, *dafs die Differenz der an den
Enden dieses Theils hervortretenden elektrischen Kräfte der Summe aller in der Kette
vorhandenen Spannungen nahe hin gleich wird.*
Es ziehen sich so gleichsam alle Spannungen auf
diesen einen Theil hin, wodurch an ihm die Elektrizitätsvertheilung in einer sonst ungewöhnlichen
Stärke hervortritt, wenn die Spannungen alle, oder
doch wenigstens ein der Zahl und Gröfse nach
sehr beträchtlicher Theil derselben von einerlei
Art sind. Auf diese Weise läfst sich die aufser-

dem ohne Kondensator, wegen der so geringen
Intensität der galvanischen Kräfte, in der geschlossenen Kette kaum merkliche Abstufung der
Elektrizitätsvertheilung recht fühlbar machen.
Diese merkwürdige Eigenthümlichkeit galvanischer
Ketten, worin sich gleichsam ihre ganze Natur
ausspricht, hatte man schon längst an einzelnen
schlecht leitenden Körpern wahrgenommen und
ihren Grund in der besondern Beschaffenheit dieser Körper gesucht *); in einem Schreiben an
den Herausgeber der Annalen der Physik **)
habe ich aber die Bedingungen angegeben, unter
welchen sich diese Eigenthümlichkeit der galvanischen Kette auch an den besten Leitern, an den
Metallen, wahrnehmen läfst, und die dort durch
die Erfahrung angegebenen Kautelen, durch welche das Gelingen des Versuches gesichert wird,
stehen mit vorliegenden Betrachtungen in vollem
Einklange.

Der das Gefälle irgend eines Theils der

---

*) Gilberts Annalen B. VIII. Seite 205, 207 und 456.
B. X. Seite 11.
**) Jahrgang 1826. St. 5. Seite 117.

Kette hergebende Ausdruck $\frac{A}{L} \cdot \frac{(\lambda)}{(l)}$ wird null,

wenn L unendlich grofs ist, während A und $\frac{(\lambda)}{(l)}$ endliche Werthe behalten. Wenn mithin L einen unendlich grofsen Werth annimmt, während A endlich bleibt, so ist das Gefälle der die Elektrizitätsvertheilung darstellenden geraden Linien an allen solchen Theilen der Kette, deren reduzirte Länge zur wirklichen ein endliches Verhältnifs hat, null, oder, was dasselbe sagt, die Elektrizität ist an allen Stellen eines jeden solchen Theils von gleicher Stärke. Da nun L die Summe der reduzirten Längen aller Theile der Kette vorstellt und diese reduzirten Längen offenbar nur positive Werthe annehmen können, so wird L unendlich, sobald eine von den reduzirten Längen einen unendlichen Werth annimmt. Da ferner die reduzirte Länge irgend eines Theils den Quotienten aus der wirklichen Länge, dividirt durch das Produkt des Leitungsvermögens und des Querschnittes desselben Theils, vorstellt, so erhält sie einen unendlichen Werth, wenn das Leitungsvermögen dieses Theils null wird, d. h.

wenn dieser Theil ein Nichtleiter der Elektrizität ist. *Wenn also ein Theil der Kette ein Nichtleiter der Elektrizität ist, so verbreitet sich die Elektrizität über jeden der übrigen Theile gleichförmig und ändert sich blos von einem Theile zum andern um die ganze daselbst befindliche Spannung.* Diese auf die offene Kette sich beziehende Elektrizitätsvertheilung ist weit einfacher, als die der geschlossenen Kette, welche bisher betrachtet worden ist, und gibt sich bildlich dadurch zu erkennen, daſs die Linien FG, HI, KL (Fig. 3.) eine mit der AD parallele Lage annehmen. Sie läſst sogleich wahrnehmen, *daſs der Unterschied der zwischen zwei beliebigen Stellen der Kette herrschenden elektrischen Kräfte der Summe aller zwischen den beiden Stellen liegenden Spannungen gleich ist, und also genau in demselben Verhältnisse als diese Summe zu- oder abnimmt. Wenn also die eine dieser Stellen ableitend berührt wird, so tritt an der andern Stelle die Summe aller zwischen beiden liegenden Spannungen hervor,* wobei inzwischen der Sinn der Spannungen jedesmal durch ein Fortschreiten

von der letztern Stelle aus bestimmt werden
muſs. In diesem letztern Gesetze sprechen sich
die mit Hülfe des Elektroskops an der offenen
Säule gemachten Erfahrungen aus, wie sie von
Ritter, Erman und *Jäger* sehr ausführlich angestellt und in *Gilbert's* Annalen *) beschrieben
sind.

In dem bisherigen sind alle elektroskopischen
Wirkungen einer galvanischen Kette von der
gleich Anfangs bestimmten Art rein ausgesprochen,
ich gehe daher jetzt zur Betrachtung des in der
Kette sich bildenden Stromes über, dessen Natur,
wie oben aus einander gesetzt worden ist, an jeder
Stelle der Kette durch die Gleichung

$$ S = \frac{A}{L} $$

ausgesprochen wird. Die Form dieser Gleichung
sowohl, als auch die Art, wie man zu ihr gelangt
ist, geben sogleich zu erkennen, *daſs die Gröſse
des Stromes in einer solchen galvanischen
Kette an allen Stellen überall dieselbe bleibt
und blos von der Art der Elektrizitätsverthei-*

*) Band VIII., XII. und XIII.

lung abhängig ist, so dafs sie sich nicht än-
dert, wenn gleich die elektrische Kraft an ir-
gend einer Stelle der Kette durch ableitende
Berührung oder sonst wie geändert wird.
Diese Gleichheit des Stromes an allen Stellen
der Kette ist durch die Versuche *Becquerels* *)
und seine Unabhängigkeit von der elektrischen
Kraft an einer bestimmten Stelle der Kette ist
durch die Versuche *G. Bischofs* **) als in der
Erfahrung gegründet nachgewiesen worden. Eine
Ableitung oder Zuleitung ändert den Strom der
galvanischen Kette nicht, so lange jene Ableitung
oder Zuleitung nur auf eine einzige Stelle der
Kette unmittelbar einwirkt; würden aber zwei verschiedene Stellen der Kette zu gleicher Zeit davon ergriffen, so würde dadurch ein zweiter
Strom gebildet, der den ersten nothwendigerweise,
nach Umständen mehr oder weniger, abändern
müfste.

Die Gleichung

$$S = \frac{A}{L}$$

---

*) Bulletin universel. Physique. Mai 1825.
**) Kastners Archiv. Band IV. H. 1.

gibt zu erkennen, dafs der Strom einer galvani
schen Kette durch jede sich bildende Verschiedenheit in der Gröfse einer Spannung oder reduzirten Länge eines Theiles, — welche letztere
selbst wieder sowohl durch die wirkliche Länge
des Theiles, als durch sein Leitungsvermögen und
durch seinen Querschnitt bestimmt wird, — einer
Aenderung unterworfen sei. Diese Mannigfaltigkeit der Umgestaltung läfst sich dadurch beschränken, dafs man nur eines der aufgezählten
Elemente veränderlich, alle übrigen aber beständ-
dig annimmt. Dadurch gelangt man zu besondern, der jedesmaligen Annahme entsprechenden,
Formen der allgemeinen Gleichung, die immer
einer theilweisen Verfolgung der allgemeinen Aenderungsfähigkeit einer Kette angehören. Um den
Sinn dieser Rede durch ein Beispiel zu veran-
schaulichen, will ich annehmen, dafs in der Kette
nur die wirkliche Länge eines einzigen Theiles einer fortgesetzten Aenderung unterworfen werde,
alle übrigen die Gröfse des Stromes bestimmenden Werthe aber in ihr und also auch in der zu
ihr gehörigen Gleichung stets dieselben bleiben.
Bezeichnet man diese veränderliche Länge mit x

und das demselben Theile entsprechende Leitungsvermögen mit $\varkappa$, seinen Durchschnitt mit ω, und die
Summe der reduzirten Längen aller übrigen mit
Λ, so dafs also $L = \Lambda + \dfrac{x}{\varkappa \cdot \omega}$, so verwandelt
sich die den Strom ausdrückende allgemeine
Gleichung in folgende

$$ S = \frac{\Lambda}{\Lambda + \dfrac{x}{\varkappa \quad \omega}} $$

oder wenn man Zähler und Nenner mit $\varkappa\omega$ mul-
tiplizirt und a statt $\varkappa\omega\Lambda$, so wie b statt $\varkappa\omega\Lambda$ setzt,
in diese

$$ S = \frac{a}{b + x}, $$

wo a und b zwei konstante Gröfsen, x aber die
veränderliche Länge eines in Hinsicht seines Stoffes und seines Querschnittes völlig bestimmten
Theiles der Kette vorstellt. Diese Form der allgemeinen Gleichung, wobei alle unveränderlichen
Elemente auf die geringste Anzahl von Konstanten zurückgeführt worden sind, ist dieselbe, welche ich aus der Erfahrung durch Versuche, denen die hier entwickelte Theorie ihre Entstehung

verdankt, hergeleitet habe *). Das Gesetz, welches sie in Bezug auf die Länge der Leiter ausspricht, ist wesentlich verschieden von dem, welches schon früher *Davy* und in neuern Zeiten *Becquerel* durch Versuche aufgefunden haben; auch weicht es von dem, welches *Barlow* aufgestellt hat, so wie von dem, welches ich vordem aus anderen Vezsuchen abgeleitet hatte, noch beträchtlich ab, obgleich die beiden letztereren dem eigentlichen Ziele schon näher rücken. Das erstere ist im Grunde nichts weiter als eine Interpolationsformel, die blos für einen relativ sehr kurzen veränderlichen Theil der ganzen Kette gültig und dann bei ganz verschiedenen möglichen Leitungsarten doch noch anwendbar ist, welches schon daraus hervorgeht, daſs es blos den veränderlichen Theil der Kette in sich aufnimmt und den ganzen übrigen Theil auſser Acht läſst; alle aber theilen mit einander den Uebelstand, daſs sie eine fremdartige, durch die chemische Veränderung des flüssigen Theils der Kette herbeigeführte Quelle der Veränderlichkeit in sich

---

*) Vergl. Schweiggers Jahrb. 1826. H. 2.

aufgenommen haben, von der weiter unten aus-
führlicher die Rede sein wird. Umständlicher
habe ich a. a. O. über das Verhalten der verschiedenen Gesetzesformen zu einander gesprochen.
Von den vielen aus der allgemeinen Glei
chung

$$S = \frac{A}{L}$$

sich ergebenden besondern Eigenthümlichkeiten
der galvanischen Kette will ich hier nur einige
wenige anführen. Man sieht sogleich, daſs eine
Aenderung in der Anordnung der Theile keinen
Einfluſs auf die Gröſse des Stromes hat, wenn
dadurch die Summe der Spannungen nicht geändert wird. Eben so wenig wird die Gröſse des
Stromes geändert, wenn die Summe der Spannungen und die ganze reduzirte Länge der Kette
in demselben Verhältnisse sich ändern; daher
kann eine Kette, deren Summe der Spannungen
in Vergleich zu der einer andern Kette sehr gering ist, doch einen Strom hervor bringen, der
an Stärke dem in der andern Kette das Gleichgewicht hält, wenn nur, was ihr an Stärke der
Spannungen abgeht, durch eine Verkürzung ihrer

reduzirten Länge ersetzt wird. *In diesem Um-*
stande hat die eigenthümliche Verschiedenheit
der Thermo- und Hydroketten ihren Grund.
In jener kommen nur Metalle, in dieser aber
auch noch aufserdem wässerige Flüssigkeiten als
Theile der Kette vor, deren Leitungsvermögen
in Vergleich zu dem der Metalle aufserordentlich
gering ist, weshalb die reduzirten Längen der
flüssigen die der metallenen Theile bei übrigens
gleichen Dimensionen unverhältnifsmäfsig über-
steigen, und selbst dann noch beträchtlich gröfser
bleiben, wenn gleich sie dadurch verkleinert werden, dafs man ihre wirklichen Längen abkürzt
und ihre Querschnitte vergröfsert, so lange wenigstens die Verkleinerung nicht in aufsergewöhn-
lichem Verhältnisse geschieht. Daher kommt es
dafs die reduzirte Länge der Thermokette in den
gewöhnlichen Fällen bei weitem geringer als die
der Hydrokette ist, woraus auf eine in demselben
Verhältnisse kleinere Spannung in jener sich
schliefsen läfst, wenn gleich die Gröfse des Stromes in der Thermokette der in der Hydrokette
nichts nachgibt. *Der grofse Unterschied zwi-*
schen einer Thermo- und Hydrokette, die

beide einen Strom von derselben Stärke her-
vorrufen, zeigt sich erst, wenn mit beiden eine
und dieselbe Abänderung vorgenommen wird,
wie nachstehende Betrachtung lehrt. Gesetzt
nämlich die reduzirte Länge einer Thermokette
ist L und die Summe ihrer Spannungen A, während die reduzirte Länge einer Hydrokette mL
und die Summe ihrer Spannungen mA ist, so
wird die Gröfse des Stromes in jener durch $\dfrac{A}{L}$,
in dieser durch $\dfrac{mA}{mL}$ ausgedrückt und ist also
in beiden Ketten dieselbe. Diese Gleichheit des
Stromes wird aber aufgehoben, wenn in beide ein
und derselbe neue Theil von der reduzirten
Länge λ eingeführt wird, denn dann ist die Gröfse
des Stromes in jener

$$\frac{A}{L+\lambda},$$

in dieser

$$\frac{mA}{mL+\lambda}.$$

Bringt man mit dieser Bestimmung eine, wenn
auch nur oberflächliche Schätzung der Werthe
m, L und λ in Verbindung, so wird man sich

leicht überzeugen, daſs in Fällen, wo die einfache
Hydrokette in dem Theile λ noch Glühwirkungen oder chemische Zerlegungen hervorbringen
kann, die einfache Thermokette nicht den hun-
dertsten, ja kaum den tausendsten Theil der dazu erforderlichen Kraft in sich trägt, woraus das
Unterbleiben solcher Wirkungen bei ihr sehr be-
greiflich wird. Auch wird man so gewahr, daſs
eine Verkürzung der reduzirten Länge der Thermokette (indem man etwa den Querschnitt der
sie bildenden Metalle vergröſsert) die Hervorru-
fung jener Wirkungen nicht erzielen kann, obgleich dadurch die Gröſse des Stromes in ihr
weit beträchtlicher werden kann, als in der solche
Wirkungen hervorbringenden Hydrokette. — Der
eben erwähnte Unterschied in dem Leitungsvermögen metallener Körper und wässeriger Flüssigkeiten ist Ursache einer an den Hydroketten be-
merkten Eigenthümlichkeit, zu deren Erwähnung
hier der schickliche Ort ist. Unter den gewöhnlichen Umständen ist nämlich die reduzirte Länge
des flüssigen Theils so groſs in Vergleich zu der
des metallenen Theils, daſs letztere vernachläſsigt
und erstere allein statt der reduzirten Länge der

ganzen Kette genommen werden kann; dann aber
steht die Größe des Stromes in Ketten, die einerlei Spannung besitzen im umgekehrten Verhältniß
zur reduzirten Länge der flüssigen Theile. Werden mithin blos solche Ketten mit einander ver-
glichen, in welchen die flüssigen Theile einerlei
wirkliche Längen und dasselbe Leitungsvermögen
haben, *so ist in diesen Ketten die Größe des
Stromes dem Querschnitte des flüssigen Theils
direkt proportional.* Indessen ist nicht zu übersehen, daß an die Stelle dieser einfachen Bestimmung eine mehr zusammengesetzte treten muß,
sobald die reduzirte Länge des metallenen Theils
nicht mehr als verschwindend gegen die des flüssigen angenommen werden darf, welcher Fall eintritt, so oft der metallene Theil sehr lang und
dünn, oder der flüssige Theil gutleitend und mit
ungewöhnlich großen Grundflächen genommen
wird.

Aus der Gleichung

$$S = \frac{A}{L}$$

läßt sich leicht entnehmen, daß wenn ein Theil
aus der galvanischen Kette weggenommen und

durch einen andern, von aufsen kommenden, ersetzt wird, und es bleibt nach dieser Verwechselung sowohl die Summe der Spannungen als auch die Stärke des Stromes noch völlig dieselbe, so haben diese beiden Theile einerlei reduzirte Länge *es verhalten sich also ihre wirklichen Längen wie ihre Produkte aus dem Leitungsvermögen und Querschnitte. Es verhalten sich mithin die wirklichen Längen solcher Theile bei gleichen Querschnitten wie ihre Leitungsvermögen und bei gleichem Leitungsvermögen wie ihre Querschnitte.* Durch die erste dieser beiden Relationen wird man in den Stand gesetzt, das Leitungsvermögen der verschiedenen Körper 'auf eine weit vortheilhaftere Weise als durch das oben angegebene Verfahren zu bestimmen, wie bereits von *Becquerel* und mir mit vielen Metallen geschehen ist *). Die zweite Relation kann dazu dienen, die Unabhängigkeit der Wirkung von der Gestalt des Querschnittes in der Erfah-

---

*) Bulletin universel. Physique. Mai 1825. und Schweigger's Jahrb. 1826. H. 2.

rung nachzuweisen, wie schon früher von *Davy*
und noch vor Kurzem von mir geschehen ist *).

An der voltaischen Säule wiederholt sich die
Summe der Spannungen und die reduzirte Länge
der einfachen Kette so oft, als die Anzahl der
Elemente, woraus sie besteht, ausspricht. Bezeichnet man daher durch A die Summe aller Spannungen in der einfachen Kette, durch L ihre reduzirte Länge und durch n die Anzahl der in
der Säule befindlichen Elemente, so ist die Größe
des Stromes in der geschlossenen Säule offenbar

$$\frac{nA}{nL},$$

während sie in der einfachen geschlossenen Kette

$$\frac{A}{L}$$

ist. Führt man in die einfache Kette sowohl als
in die Säule einen und denselben neuen Theil
von der reduzirten Länge A ein, auf welchen
man den Strom wirken lassen will, so wird die
Größe des dadurch abgeänderten Stromes in der
einfachen Kette

---

*) Gilbert's Annalen nn. Folge. B. XI. Seite 253, und
Schweigger's Jahrb. 1827.

$$\frac{\dot{A}}{L + \Lambda}$$

und in der voltaischen Säule

$$\frac{nA}{nL + \Lambda} \quad \text{oder} \quad \frac{A}{L + \dfrac{\Lambda}{n}}$$

Man sieht hieraus, *dafs der Strom in der voltaischen Säule stets gröfser ausfällt, als in der einfachen Kette, aber er ist nur unmerklich gröfser, so lange Λ in Vergleich zu L sehr klein ist, dagegen nähert sich diese Vergröfserung der n fachen desto mehr, je gröfser Λ in Vergleich zu nL und um so mehr im Vergleich zu L wird.* Aufser dieser Art, die Gröfse des galvanischen Stromes zu vermehren, gibt es aber noch eine zweite, die darin besteht, dafs man die reduzirte Länge der einfachen Kette verkürzt, welches dadurch geschehen kann, dafs man den Querschnitt derselben vergröfsert, indem man mehrere einfache Ketten neben einander legt und dergestalt mit einander verbindet, dafs sie wieder nur eine einzige einfache Kette ausmachen. Läfst man die vorigen Bezeichnungen auch hier wieder gelten, so dafs also wieder

$$\frac{A}{L + \Lambda}$$

die Gröfse des Stromes in dem einen Elemente
ausdrückt, so wird in der eben beschriebenen
Zusammensetzung von n Elementen zu einer einfachen Kette die Gröfse des Stromes offenbar

$$\frac{A}{\dfrac{L}{n} + \Lambda} \quad \text{oder} \quad \frac{nA}{L + n\Lambda},$$

*wodurch eine schwache Verstärkung der
Wirkung in der neuen Zusammensetzung angezeigt wird, wenn Λ sehr grofs ist in Vergleich zu L, dagegen eine starke, wenn Λ in
Vergleich zu $\dfrac{L}{n}$ und also um so mehr in
Vergleich zu L sehr klein ist.* Es folgt hieraus, dafs die eine Zusammensetzung gerade in
den Fällen am wirksamsten ist, in welchen die
andere aufhört es zu sein, und umgekehrt. Ist
man daher im Besitze einer gewissen Anzahl von
einfachen Ketten, die man insgesammt auf den
Theil, dessen reduzirte Länge Λ ist, einwirken
lassen will; so ist es zur Hervorbringung des
gröfsten Stromeffektes nicht gleichgültig in welcher Art man sie zusammen setze, ob alle neben

einander, ob alle hinter einander, oder ob zum
Theile neben einander und zum Theile hinter
einander. Die Rechnung lehrt, daſs es am vortheilhaftesten ist, aus ihnen eine voltaische Zusammensetzung aus so viel gleichen Theilen zu
bilden, daſs das Quadrat dieser Zahl dem Quo-
tienten $\frac{\Lambda}{L}$ gleich wird. Wenn $\frac{\Lambda}{L}$ gleich oder
kleiner als Λ ist, so werden sie am besten alle
neben einander gestellt, und am besten alle hinter einander, wenn $\frac{\Lambda}{L}$ gleich oder gröſser als
das Quadrat der Anzahl aller Elemente ist. *Man
gewahrt in dieser Bestimmung den Grund,
warum in den meisten Fällen zur Hervorbringung des gröſsten Effektes eine einfache
Kette oder wenigstens eine voltaische Zusammensetzung von nur wenigen einfachen Ketten erfordert wird.* — Erwägt man, daſs, da
die Quantität des Stromes an allen Stellen der
Kette dieselbe ist, seine Intensität sich an den
verschiedenen Orten nach der Gröſse der daselbst befindlichen Querschnitte im umgekehrten
Verhältnisse richten müsse, und nimmt man an,

dafs die magnetischen und chemischen Wirkungen sowohl, als die Wärme- und Lichterscheinungen an der Kette unmittelbare Aeufserungen des elektrischen Stromes sind, deren Stärke durch die des Stromes selbst gegeben ist, so wird eine umständliche Zergliederung der hier nur in Umrissen angedeuteten Natur des Stromes zur vollkommenen Erklärung der vielen an der galvanischen Kette beobachteten, zum Theile sehr räthselhaften Anomalien führen, insofern man dabei die physische Beschaffenheit der Kette als unveränderlich anzusehen berechtigt ist *). Die grofsen Abweichungen, welche oft in den Angaben verschiedener Beobachter liegen, und nicht Folgen der Dimensionen ihres dabei gebrauchten, besondern Apparates sind, haben ohne Zweifel ihren Grund in der doppelten Aenderungsfähigkeit der Hydroketten, und werden daher aufhören, wenn man bei einer Wiederholung der Versuche auf diesen Umstand Rücksicht nimmt.

----

*) Vergl. Schweigger's Jahrb. 1826. H. 2., wo ich eine etwas ausführlichere Beleuchtung der einzelnen Punkte gegeben habe.

E

Die merkwürdige Veränderlichkeit in der Wirkungsweise eines und desselben Multiplikators an verschiedenen Ketten und verschiedener Multiplikatoren an einer und derselben Kette erhält aus den vorangegangenen Betrachtungen eine vollständige Erklärung. Bezeichnet nämlich A die Summe der Spannungen und L die reduzirte Länge irgend einer galvanischen Kette, so drückt

$$\frac{A}{L}$$

die Gröfse ihres Stromes aus. Denkt man sich nun einen Multiplikator aus n gleichen Windungen, jede von der reduzirten Länge λ, so gibt

$$\frac{A}{L + n\,\lambda}$$

die Gröfse des Stromes zu erkennen, wenn der Multiplikator als integrirender Bestandtheil in die Kette gebracht wird. Setzt man überdiefs der Einfachheit halber voraus, dafs jede von den n Windungen des Multiplikators auf die Magnetnadel dieselbe Wirkung äufsert, so ist augenscheinlich die Wirkung des Multiplikators auf die Magnetnadel

$$\frac{n\,A}{L + n\,\lambda},$$

wenn die Wirkung einer ganz gleichen Windung
der Kette ohne Multiplikator auf die Nadel

$$\frac{A}{L}$$

gesetzt wird. *Hieraus folgt nun sogleich, dafs
die Wirkung auf die Magnetnadel durch den
Multiplikator verstärkt oder geschwächt wird,
je nachdem nL gröfser oder kleiner als L +
nλ, d. h. je nachdem die n fache reduzirte
Länge der Kette ohne Multiplikator gröfser
oder kleiner als die reduzirte Länge der Kette
mit dem Multiplikator ist.* Ferner gibt die
blofse Ansicht des Ausdruckes, wodurch die Wirkung des Multiplikators auf die Nadel bestimmt
worden ist, zu erkennen, dafs die gröfste oder
kleinste Wirkung eintritt, sobald L gegen nλ ver-
nachläfsigt werden kann, und ausgedrückt wird
durch

$$\frac{A}{\lambda}$$

Vergleicht man diese Grenzwirkung des Multiplikators mit der, welche eine völlig gleich beschaffene Windung der Kette ohne Multiplikator her-
vorbringt, so nimmt man wahr, dafs sich beide·

zu einander verhalten wie die reduzirten Längen
L und λ, welche Relation zur Bestimmung einer
dieser Werthe aus den übrigen dienen kann.
*Der für die Grenzwirkung des Multiplikators
gefundene Ausdruck zeigt, daſs sie der Spannung der Kette proportional und unabhängig
von der reduzirten Länge der Kette ist;* es
kann mithin die Grenzwirkung eines und desselben Multiplikators nicht blos zur Bestimmung der
in verschiedenen Ketten befindlichen Spannungen
dienen, sondern er zeigt auch, daſs. sich die
Grenzwirkung in dem Maaſse verstärken läſst, als
man die Summe der Spannungen erhöhet, welches dadurch geschehen kann, daſs man aus mehreren einfachen Ketten eine voltaische Zusammensetzung bildet. — Bezeichnet man die wirkliche
Länge einer Windung des Multiplikators durch *l*,
sein Leitungsvermögen durch *x* und seinen Quer-
schnitt durch *ω* so daſs $\lambda = \dfrac{l}{x \cdot \omega}$ wird, so verwandelt sich der Ausdruck für die Grenzwirkung
des Multiplikators in folgenden

$$x \cdot \omega \cdot \frac{A}{l},$$

woraus man ersehen kann, *daſs die Grenzwir-*

kungen zweier aus gleich starkem Drahte ver-
fertigten Multiplikatoren von verschiedenem
Metalle sich zu einander verhalten, wie die
Leitungsfähigkeiten dieser Metalle, und dafs
die Grenzwirkungen zweier aus Drähten von
einerlei Metall gebildeten Multiplikatoren sich
zu einander verhalten, wie die Querschnitte
dieser Drähte. Alle diese mannigfaltigen Eigenthümlichkeiten des Multiplikators habe ich, als in
der Erfahrung gegründet, theils an fremden theils
an eigenen Versuchen nachgewiesen *). Die letzten an der Thermokette hierüber gemachten Versuche haben die schon oben aus einer Vergleichung der reduzirten Längen sich ergebende Folgerung, dafs die Spannungssumme in einer Thermokette bei weitem geringer sei als in den ge-
bräuchlichen Hydroketten noch auf einem andern,
dem vorigen gewissermafsen entgegen gesetzten
Wege dargethan, und eine beiläufige Vergleichung
hat mich zu der Ueberzeugung geführt, dafs zu
Glühwirkungen, wenn sie mit Sicherheit vorausge-
sagt werden sollen, eine voltaische Zusammenset-

---

*) Schweigger's Jahrbuch 1826. H. 2. und 1827.

zung von einigen hundert, zweckmäfsig gewähl-
ten einfachen Thermoketten, zu chemischen Wirkungen von einiger Stärke aber ein noch weit
gröfserer Apparat erfordert werde. Versuche,
welche diese Vorherbestimmung aufser Zweifel
setzen, werden der hier vorgetragenen Theorie eine
neue, nicht unwichtige Bestätigung geben.

Die bisherigen Betrachtungen reichen auch
hin, den Hergang zu entscheiden, der statt findet,
wenn sich die galvanische Kette irgendwo in zwei
oder mehrere Zweige spaltet. Zu dem Ende
mache ich darauf aufmerksam, dafs schon oben,
zugleich mit der Gleichung $S = \dfrac{A}{L}$, die Regel
aufgefunden worden ist, dafs die Gröfse des Stromes in irgend einem homogenen Theile der galvanischen Kette durch den Quotienten aus dem
Unterschiede der an den Enden des Theiles vorhandenen elektrischen Kräfte und seiner reduzirten Länge gegeben wird. Zwar ist diese Regel
dort nur für den Fall aufgestellt worden, wenn
die Kette sich nirgends in mehrere Zweige spaltet, aber eine ganz einfache, aus der Gleichheit
der ab- und zuströmenden Elektrizitätsmenge in

allen Querschnitten eines jeden prismatischen
Theiles hergenommene und der dortigen ähnliche
Betrachtung gibt die Ueberzeugung, dafs dieselbe
Regel auch für jeden einzelnen Zweig im Falle
einer Spaltung der Kette noch gültig bleibt.
Nimmt man nun an, dafs die Kette sich z. B. in
drei Arme spaltet, deren reduzirte Längen λ, λ',
λ'' sein mögen, setzt man zudem voraus, dafs an
jeder von diesen Stellen die ungespaltene Kette
und die einzelnen Zweige einerlei elektrische
Kraft besitzen und sonach keine Spannung daselbst eintritt, und bezeichnet man den Unterschied der an diesen beiden Stellen befindlichen
elektrischen Kräfte durch α, so ist in Folge der
angeführten Regel die Gröfse des Stromes in den
drei Zweigen beziehlich

$$\frac{\alpha}{\lambda}, \qquad \frac{\alpha}{\lambda'}, \qquad \frac{\alpha}{\lambda''},$$

woraus zunächst folgt, *dafs sich die Ströme in
den drei Zweigen umgekehrt wie deren reduzirte Längen verhalten,* so dafs also jeder einzeln sich finden läfst, sobald man die Summe aller drei zusammen kennt. Die Summe aller drei
zusammen ist aber offenbar der Gröfse des Stro-

mes an jeder andern Stelle des nicht gespaltenen
Theils der Kette gleich, weil aufserdem, was hier
noch immer vorausgesetzt wird, der bleibende
Zustand der Kette nicht eingetreten wäre. Bringt
man damit die aus den obigen Betrachtungen
sich ergebende Schlufsfolge in Verbindung, dafs
nämlich durch die Gröfse des Stromes und die
Natur eines jeden homogenen Theiles der Kette
das Gefälle der ihm entsprechenden, die Elektrizitätsvertheilung darstellenden, geraden Linie gegeben ist, so erhält man die Gewifsheit, dafs die
zu dem nicht gespaltenen Theile der Kette gehörige Vertheilungsfigur so lange dieselbe bleiben
mufs, als der Strom in ihr dieselbe Gröfse behält,
und umgekehrt; woraus folgt, dafs die Unveränderlichkeit des Stromes in dem nicht gespaltenen
Theile der Kette nothwendigerweise eine Unveränderlichkeit des Unterschiedes der an den Enden
dieses Theils hervortretenden elektrischen Kräfte
voraussetzt. Denkt man sich nun statt der einzelnen Zweige einen einzigen Leiter von der reduzirten Länge Λ in die Kette gesetzt, der die
Gröfse ihres Stromes und ihre Spannungen in
nichts ändert, so mufs in Folge des eben Gesag-

ten der Unterschied der an seinen Enden befindlichen elektrischen Kräfte noch immer α und
daher

$$\frac{\alpha}{\Delta} = \frac{\alpha}{\lambda} + \frac{\alpha}{\lambda'} + \frac{\alpha}{\lambda''}$$

oder

$$\frac{1}{\Lambda} = \frac{1}{\lambda} + \frac{1}{\lambda'} + \frac{1}{\lambda''}$$

sein, welche Gleichung zur Bestimmung des
Werthes Λ dient. Ist aber dieser Werth bekannt
und nennt man A die Summe aller in der Kette
befindlichen Spannungen und L die reduzirte
Länge des nicht gespaltenen Theils der Kette, *so
ergibt sich, wie man weifs, für die Gröfse des
Stromes in der zuletzt gedachten Kette*

$$\frac{A}{L + \Lambda},$$

*welche der Summe der in den drei einzelnen
Zweigen auftretenden Ströme gleich ist.* Da
nun schon vorhin gezeigt worden ist, dafs sich
die Ströme in den einzelnen Zweigen zu einander
umgekehrt wie die reduzirten Längen dieser
Zweige verhalten; so erhält man für die Gröfse
des Stromes in dem Zweige, dessen reduzirte
Länge λ ist,

$$\frac{A}{L + \Lambda} \cdot \frac{\Lambda}{\lambda};$$

in dem Zweige, dessen reduzirte Länge λ' ist,

$$\frac{A}{L + \Lambda} \cdot \frac{\Lambda}{\lambda'};$$

und in dem Zweige, dessen reduzirte Länge λ'' ist,

$$\frac{A}{L + \Lambda} \cdot \frac{\Lambda}{\lambda''}$$

Auch diese entlegenere und bisher wenig beach-
tete Eigenthümlichkeit der galvanischen Kette
habe ich in der Erfahrung auf eine völlig entscheidende Weise bestätigt gefunden *).

Hiermit schließt sich die Betrachtung solcher
galvanischer Ketten, in welchen der bleibende
Zustand bereits eingetreten ist, und die weder
durch den Einfluß der umgebenden Luft noch
durch eine allmählige Abänderung ihrer chemischen Beschaffenheit besondere Modifikationen
erleiden. Von da nimmt aber auch die Einfachheit des Gegenstandes immer mehr und mehr ab,
so daß die bisher statt gefundene elementare Behandlung bald ganz verloren geht. Was solche
Ketten anbelangt, auf welche die Luft Einfluß

---

*) Schweigger's Jahrb. 1827.

hat und deren Zustand mit der Zeit sich ändert,
ohne daſs diese Aenderung in einer fortschreiten-
den chemischen Umbildung der Kette ihren
Grund hat, und die sich dadurch vor den übrigen auszeichnen, daſs die Gröſse ihres Stromes
an verschiedenen Orten verschieden ist, so habe
ich mich begnügt, in jeder von diesen Beziehungen immer nur den einfachsten Fall abzuhandeln,
da sie in der Natur nur in seltenen Fällen zum
Vorschein kommen, und im Allgemeinen von geringerem Interesse erscheinen dürften. Ich that
diefs um so lieber, da ich zu einer andern Zeit
auf diesen Gegenstand zurück zu kommen gedenke. Was hingegen jene Modifikation galvanischer Ketten betrifft, die durch eine von dem
Strome zunächst ausgehende und sodann auf ihn
selbst wieder zurück wirkende chemische Umwandlung der Kette veranlaſst wird, so habe ich
ihr in dem Anhange eine besondere Aufmerksamkeit gewidmet. Der darin eingehaltene Gang
stützt sich auf eine sehr groſse Menge über den
Gegenstand angestellter Versuche, deren Mittheilung ich aber darum unterlasse, weil sie einer
weit gröſsern Bestimmtheit fähig zu sein scheinen,

als damals die Nichtberücksichtigung mancher dabei einwirkenden Elemente mir gestattete, deren Erwähnung ich aber hier für nöthig erachte, damit die sich selber stets bewachende Weise, womit ich in dem Anhange vorwärts schreite, und die ich der Wahrheit schuldig zu sein glaubte, nicht etwa die Theilnahme, mehr als billig ist, dadurch von sich abziehe.

Den Grund der durch den Strom veranlaßten chemischen Veränderungen in den dazu geeigneten Theilen einer galvanischen Kette habe ich in der oben beschriebenen dieser Kette eigenthümlichen Elektrizitätsvertheilung gesucht und, wie ich kaum zweifeln darf, wenigstens der Hauptsache nach gefunden. Es fällt nämlich sogleich in die Augen, daß jede zu einem Querschnitte gehörige Scheibe einer galvanischen Kette, die den elektrischen Anziehungen und Abstoßungen gehorcht und deren Bewegung nichts im Wege steht, in der geschlossenen Kette einseitig getrieben werden müsse, weil diese Anziehungen oder Abstoßungen in Folge der stetig sich ändernden elektrischen Kraft auf ihren beiden Seiten verschieden sind, und die Rechnung zeigt,

*dafs die Kraft, womit sie nach einer Seite
hin getrieben wird, in einem aus der Gröfse
des elektrischen Stromes und aus der in der
Scheibe befindlichen elektrischen Kraft zusammengesetzten Verhältnisse stehe.* Dadurch
wird nun zwar zunächst blos eine räumliche
Ortsveränderung der Scheibe bedingt. Wenn
aber diese Scheibe als ein zusammen gesetzter
Körper angesehen wird, dessen Bestandtheile den
elektrochemischen Ansichten gemäfs, sich durch
eine Verschiedenheit in ihrem elektrischen Verhalten von einander unterscheiden, so ergibt sich
sogleich, dafs jener einseitige Druck auf die verschiedenen Bestandtheile mit ungleicher Stärke
und in den meisten Fällen auch wohl in entgegengesetzter Richtung wirken und so ein Bestreben in ihnen sich von einander zu entfernen
rege machen müsse. Aus dieser Betrachtung
geht eine besondere auf eine chemische Veränderung aller Theile hinarbeitende Thätigkeit der
galvanischen Kette hervor, die ich ihre *zersetzende
Kraft* genannt und in jedem einzelnen Falle der
Gröfse nach zu bestimmen versucht habe. Diese
Bestimmung ist von der Art abhängig, wie man

sich die Elektrizität mit den Körpertheilchen in Verbindung vorstellt *). Nimmt man an, was am natürlichsten zu sein scheint, daſs die Elektrizität sich im Verhältnisse der Masse über den Raum ergiese, den die Körper einnehmen, so zeigt eine vollständige Zergliederung, *daſs die zersetzende Kraft der Kette der Stärke des Stromes direkt proportional sei, und auſserdem noch durch einen aus der Natur der Bestandtheile und ihrem Mischungsverhältnisse herzuholenden Koeffizienten gegeben werde* Aus der Natur dieser zersetzenden Kraft der Kette, welche an allen Stellen eines homogenen Theiles von gleicher Stärke ist, geht nun sogleich hervor, daſs wenn sie fähig ist, den gegenseitigen Zusammenhang der Bestandtheile unter allen Umständen zu überwältigen, so wird die Trennung und Fortführung der Bestandtheile nach den beiden Seiten

---

*) Ueber die eigentliche Deutung dieser Bemerkung werde ich bei einer nächsten Gelegenheit reden, wo ich die von *Ampère* entdeckten Aeusserungen der Theile einer galvanischen Kette auf einander auf gewöhnliche elektrische Anziehungen und Abstossungen zurückzuführen versuche.

der Kette hin nur in mechanischen Hindernissen
ihre Grenzen finden; überwiegt aber der Zusammenhang der Bestandtheile unter sich entweder
gleich anfänglich überall, oder im Verlaufe der
Wirkung irgendwo die zersetzende Kraft der
Kette, so wird von da an keine weitere Bewegung der Elemente mehr Statt finden. Diese allgemeine Beschreibung der zersetzenden Kraft
schließt sich an die von *Davy* und Andern gemachten Durchführungsversuche an.

Der Beachtung besonders werth ist ein,
wie es scheint in den meisten Fällen sich bildender, eigener Zustand der Vertheilung beider Be-
standtheile· in einer chemisch zusammengesetzten
Flüssigkeit, die in folgender Veranlaßung ihren
Ursprung hat. Wenn nämlich die Zersetzung
nur auf einen begrenzten Theil der Kette sich zu
beschränken angewiesen ist und nun die Bestandtheile der einen Art nach der einen Seite dieses
Theiles und die Bestandtheile der andern Art
nach seiner andern Seite hingedrängt werden, so
wird eben dadurch der Wirkung eine natürliche
Grenze gesetzt; denn der im Uebergewichte auf
der einen Seite irgend einer Scheibe innerhalb

der in der Zersetzung begriffenen Strecke auftre-
tende Bestandtheil wird sich der Bewegung des
gleichen Bestandtheiles nach derselben Seite hin,
vermöge der in ihm liegenden repulsiven Kraft,
fortwährend widersetzen, so daſs die zersetzende
Kraft der Kette nicht blos den jedesmaligen Zusammenhang der beiden Bestandtheile unter einander, sondern auch diese Reaction eines jeden
Bestandtheiles auf sich selber zu überwältigen hat.
Es erhellet hieraus, daſs ein Stillstand in der
chemischen Veränderung dann eintreten müsse,
wenn zu irgend einer Zeit ein Gleichgewicht zwischen den dabei obwaltenden Kräften eintritt.
Der so herbei geführte, in einer eigenen chemischen Vertheilung der Bestandtheile beruhende
und bleibende Zustand des in der Zersetzung begriffenen Theils der Kette ist der, von dem ich
eben ausging, und dessen Natur scharf zu bestimmen ich in dem Anhange versucht habe. Schon
die bloſse Beschreibung der Entstehungsweise
dieser höchst merkwürdigen Erscheinung gibt zu
erkennen, daſs an den äuſsersten Enden der vertheilten Strecke kein natürliches Gleichgewicht
statt finden könne, weſshalb an diesen Orten die

beiden Bestandtheile durch eine mechanische Gewalt zurückgehalten werden müssen, aufserdem in die nächsten Theile der Kette übergehen, oder, wo die übrigen Umstände es bedingen, von der Kette sich gänzlich absondern werden. Wer wollte in dieser prunklosen Auseinandersetzung nicht alle bei chemischen Zerlegungen durch die Kette bis jetzt beobachteten Hauptmomente der äufseren Erscheinung wieder erkennen!

Wenn der Strom und mit ihm die zersetzende Kraft plötzlich unterbrochen wird, so werden die vertheilten Bestandtheile allmählig wieder in ihr natürliches Gleichgewicht zurücktreten, aber den verlassenen Zustand sogleich wieder anzunehmen streben, wenn der Strom neuerdings hergestellt wird. Während dieses Hergangs ändert sich begreiflicherweise mit der chemischen Natur zugleich fortwährend die Leitungsfähigkeit sowohl als die Erregungsweise zwischen den Elementen der in der Zersetzung begriffenen Strecke; dadurch aber wird eine fortgesetzte Aenderung in der elektrischen Vertheilung und in der davon abhängigen Gröfse des Stromes an der galvanischen Kette nothwendig bedingt, welche nur in

dem bleibenden Zustande der chemischen Vertheilung ihre natürlichen Grenzen findet. Zur
genauen Bestimmung dieser letzten Stufe des elektrischen Stromes wird die Kenntniſs des Gesetzes
erfordert, nach welchem sich die Leitungsfähigkeit und die Erregungsstärke der aus zwei verschiedenen Flüssigkeiten gebildeten veränderlichen
Mischungen richtet. Was die Erfahrung zu diesem Zwecke bis jetzt noch an die Hand gegeben
hat, schien mir nicht genügend, daher zog ich
ihr eine theoretische Bestimmung vor, die so
lange, bis das wahre Gesetz aufgefunden ist,
seine Stelle einnehmen soll. Mit Hülfe des nicht
ganz erdichteten Gesetzes gelange ich nun zu den
Gleichungen, welche in jedem Falle alle einzelnen
Umstände zu erkennen geben, die den bleibenden
Zustand der chemischen Vertheilung in der galvanischen Kette ausmachen, deren weitere Benüt-
zung ich jedoch vernachläſsigt habe, da der jetzige Umfang unserer Erfahrungskenntnisse in
dieser Hinsicht mir die dazu erforderliche Mühe
noch nicht zu lohnen schien. Um jedoch die
Resultate dieser Untersuchung mit dem, was Versuche hierüber gegeben haben, in ihren allgemein-

sten Zügen vergleichen zu können, habe ich einen besondern Fall bis ans Ende geführt, und
an ihm ersehen, dafs die Formel die Art des
Wogens der Kraft, wie ich es vordem beschrieben habe *), recht genügend darstellt.

Nachdem ich so den Inhalt dieser Schrift in
einem leichten Umrisse angegeben habe, gehe ich
nun zu einer gründlichern Bearbeitung der einzelnen Stellen über.

---

*) Schweigger's Jahrb. 1826. H. 2.

Die

galvanische Kette.

———

A) *Allgemeine Untersuchungen über die Verbreitung der Elektrizität.*

1) Eine unter gewissen Umständen hervortretende Eigenschaft der Körper, die wir *Elektrizität* nennen, gibt sich räumlich dadurch zu erkennen, dafs Körper, welche sie besitzen, und die deshalb *elektrische* Körper heifsen, sich einander entweder abstofsen oder anziehen.

Um die Veränderungen, welche in der elektrischen Beschaffenheit eines Körpers A vorfallen, auf eine völlig bestimmte Weise verfolgen zu können, bringen wir diesen Körper jedesmal unter einerlei Umständen mit einem zweiten beweglichen Körper von unveränderlicher elektrischer Beschaffenheit, das *Elektroskop* genannt, in Verbindung, und bestimmen die Kraft, womit das Elektroskop von dem Körper abgestofsen oder angezogen wird. Diese Kraft nennen wir die *elektroskopische* Kraft des Körpers A, und um

unterscheiden zu können, ob sie eine abstofsende
oder anziehende ist, setzen wir in dem einen
Falle das Zeichen $+$, und in dem andern Falle
das Zeichen — vor die Angabe ihres Maafses.

Es kann derselbe Körper A auch zur Bestimmung der elektroskopischen Kraft in verschiedenen Theilen eines und desselben Körpers dienen. Zu diesem Zwecke nehmen wir den Körper A von sehr geringen Dimensionen, damit,
wenn wir ihn mit der zu prüfenden Stelle irgend
eines dritten Körpers in innige Berührung bringen, er seiner Kleinheit halber als' Vertreter dieser Stelle angesehen werden kann; dann wird
seine auf die eben beschriebene Art zu messende
elektroskopische Kraft, wenn sie an verschiedenen
Stellen verschieden ausfällt, die relative Verschiedenheit dieser Stellen in Bezug auf Elektrizität zu
erkennen geben.

Die Absicht vorstehender Erklärungen ist,
dem Ausdrucke »elektroskopische Kraft« eine einfach bestimmte Bedeutung zu geben; eine Berücksichtigung der gröfsern oder geringern Aus-
führbarkeit des Verfahrens sowohl, als eine Vergleichung der verschiedenen möglichen Verfah-

rungsarten unter einander zur Bestimmung der
elektroskopischen Kraft liegen nicht in unserm
Zwecke.

2) Wir nehmen wahr, dafs sich die elektroskopische Kraft von einer Stelle zur andern und
von einem Körper zum andern fortbewegt, so
dafs sie nicht blos an verschiedenen Stellen zu
derselben Zeit, sondern auch an derselben Stelle
zu verschiedenen Zeiten sich ändert. Um die
Art und Weise, wie die elektroskopische Kraft
von der Zeit, worin sie wahrgenommen wird, und
dem Orte, an welchem sie sich äufsert, abhängig
ist, bestimmen zu können, müssen wir von Grund-
gesetzen ausgehen, denen der zwischen den Elementen eines Körpers statt findende Austausch
ihrer elektroskopischen Kraft unterworfen ist.

Diese Grundgesetze sind von zweierlei Art,
entweder von der Erfahrung entlehnte, oder, da
wo diese schweigt, hypothetisch angenommene.
Die Zulässigkeit der erstern kann keinem Zweifel
unterworfen sein, und die Rechtmäfsigkeit der
letztern gibt sich durch die Uebereinstimmung
der aus ihnen abgeleiteten Resultate der Rechnung
mit dem, was in der Wirklichkeit vorfällt, unfehl-

bar zu erkennen; denn da durch die Rechnung
die Erscheinung mit allen ihren Modifikationen
auf das Bestimmteste ausgesprochen wird, so muſs,
weil in ihrem Fortgange zu den früheren nicht
immer wieder neue Unsicherheiten stoſsen, eine
im gleichen Maaſse vollständige Beobachtung der
Natur ihre Annahmen auf eine entscheidende
Weise entweder rechtfertigen oder widerlegen.
Darin liegt eben das hauptsächlichste Verdienst
der Rechnung, daſs sie durch ihre nirgends
schwankende Aussagen eine Allgemeinheit der
Vorstellungen hervorruft, die jedesmal zu erneuer-
ten Versuchen auffordert und so zu einer immer
mehr in die Tiefe gehenden Kenntniſs der Natur
führt. Jede auf Thatsachen gebaute Theorie einer Klasse von Naturerscheinungen, die in der
Form ihrer Darstellung nicht die mathematische
Ausführlichkeit erträgt, ist unvollkommen, und
jede in einer noch so strengen Form entwickelte
Theorie, die nicht in dem erforderlichen Maaſse
von der Erfahrung gebilligt wird, ist unsicher.
So lange daher nicht wenigstens ein Theil der
Wirkungen einer Naturkraft mit groſser Schärfe
in allen ihren Abstufungen beobachtet worden ist,

geht die mit ihr sich befassende Rechnung nur
auf unsichern Boden, weil kein Prüfstein für ihre
Hypothesen vorhanden ist, und thut im Grunde
besser, auf gelegenere Zeit zu warten; wenn sie
aber mit der gehörigen Befugnifs an die Arbeit
geht, bereichert sie das Gebiet, worin sie weilt,
mit neuen Naturerscheinungen, zum Mindesten
auf indirekte Weise, wie die Erfahrung aller Zeiten lehrt. Ich glaubte diese allgemeinen Bemerkungen vorausschicken zu müssen, nicht nur weil
durch sie auf das Folgende mehr Licht geworfen
wird, sondern auch deshalb, weil sie den Grund
in sich zu tragen scheinen, warum die Rechnung
nicht längst schon an die galvanischen Erscheinungen mit mehr Erfolg sich gemacht habe, obgleich sie, wie sich später finden wird, den hierzu erforderlichen Gang schon früher in einem
andern, scheinbar weniger dazu vorbereiteten,
Felde der Physik genommen hat.

Nach diesen Vorerinnerungen gehen wir nun
zur Aufstellung der Grundgesetze selber über.

3) Wenn zwei gleich grofse, gleich gestaltete
und gegen einander gleich gestellte aber ungleich
stark elektrische Körperelemente E und E' in der

schicklichen Entfernung von einander stehen, so
äufsern sie ein wechselseitiges Bestreben, sich ins
elektrische Gleichgewicht zu setzen, welches sich
dadurch zu erkennen gibt, dafs beide dem Mittel
ihres elektrischen Zustandes fortwährend und immer um gleich viel näher rücken, so lange, bis
sie dasselbe wirklich erreicht haben. Beide Elemente ändern nämlich ihren elektrischen Zustand
gegenseitig so lange, als noch ein Unterschied ihrer elektroskopischen Kraft statt findet; diese Aenderung aber hört auf, so wie beide einerlei elektroskopische Kraft erlangt haben. Es ist mithin
diese Aenderung von der elektrischen Differenz
der Elemente dergestalt abhängig, dafs jene mit
dieser zugleich verschwindet. Wir nehmen nun
an, dafs die in einem äufserst kleinen Zeittheilchen
erfolgte Aenderung in beiden Elementen der Differenz ihrer zu derselben Zeit vorhandenen elektroskopischen Kräft und der Gröfse des Zeittheilchens
proportional sei, und ohne uns noch auf irgend
einen materiellen Unterschied der Elektrizität ein-
zulassen, stellen wir fest, dafs dabei die mit $+$
und $-$ bezeichneten Kräfte gerade so, wie entgegengesetzte Gröfsen überhaupt zu behandeln

seien. — Daſs die Aenderung sich genau nach
der Differenz der Kräfte richte, ist eine Unterstel-
lung der Rechnung, die natürlichste, weil sie die
einfachste ist; das Uebrige ist durch die Erfahrung
gegeben. Die Bewegung der Elektrizität innerhalb
der meisten Körper geht so rasch von Statten,
daſs wir ihre Aenderungen an den verschiedenen
Stellen nur selten festzuhalten vermögen, uud deshalb das Gesetz, nach welchem sie sich richten,
durch die Erfahrung auszumitteln wohl nicht im
Stande sind. Die galvanischen Erscheinungen, in
welchen solche Aenderungen unter einer bleibenden Form auftreten, sind daher für die Prüfung
jener Annahme von besonders hohem Interesse.
Werden nämlich die aus der Annahme gezogenen Folgerungen durch jene Erscheinungen durchaus bestätigt, so ist sie zulässig und kann ohne
Bedenken in allen verwandten Untersuchungen,
wenigstens innerhalb derselben Grenzen der Kraft,
ihre Anwendung finden.

Wir haben in Uebereinstimmung mit den
bisher gemachten Erfahrungen angenommen, daſs,
wenn durch irgend zwei äuſserlich gleich beschaffene Elemente, sie mögen aus einerlei oder aus

verschiedener Materie bestehen, eine gegenseitige
Aenderung ihres elektrischen Zustandes hervorge-
rufen wird, das eine eben so viel an Kraft ver-
liere, als das andere gewinnt. Sollte sich vielleicht in der Folge durch Versuche noch ergeben, daſs die Körper in Bezug auf Elektrizität
ein ähnliches Verhalten zeigen, als dasjenige ist,
was wir bei der Wärme Kapazität der Körper
nennen, so müſste das von uns aufgestellte Gesetz
eine leichte Abänderung erleiden, die wir am pas-
senden Orte anzeigen werden.

4) Wenn die beiden Elemente E und E′
nicht von gleicher Gröſse sind, so ist es doch
immer gestattet, sie als Summen von gleichen
Theilen anzusehen. Gesetzt das eine Element E
bestände aus m unter sich völlig gleichen Theilen und das andere E′ aus m′ eben solchen
Theilen, so wird, wenn man sich die Elemente E
und E′ äuſserst klein in Vergleich zu ihrer gegenseitigen Entfernung vorstellt, so daſs die Entfernungen von jedem Theile des einen zu jedem
Theile des andern Elementes gleich sind, die
Summe der Einwirkungen aller m′ Theile des
Elementes E′ auf einen Theil des Elementes E

die m'fache von der sein, die ein Theil allein
ausübt, und die Summe aller Einwirkungen des
Elementes E' auf alle m Theile des Elementes E
wird die mm'fache von der sein, die ein Theil
von E' auf einen Theil von E äufsert. Man
sieht hieraus, dafs, um die gegenseitigen Wirkungen ungleicher Elemente auf einander beziehen
zu können, man sie nicht blos dem Unterschiede
ihrer elektroskopischen Kräfte und ihrer Zeitdauer,
sondern auch dem Produkte ihrer relativen Ausdehnungsgröfsen proportional nehmen müsse.
Wir werden in der Folge die auf die Gröfse der
Elemente bezogene Summe der elektroskopischen
Aeusserungen — worunter wir also das Produkt
aus der Kraft in die Gröfse des Raumes, worüber sie verbreitet ist, zu verstehen haben, im
Falle dafs an allen Stellen dieses Raumes einerlei
Kraft sich befindet — *Elektrizitätsmenge* nennen, ohne dafs wir dadurch irgend etwas über
die materielle Beschaffenheit der Elektrizität fest-
zusetzen beabsichtigen. Dieselbe Bemerkung gilt
von allen eingeführten bildlichen Ausdrücken,
ohne die nun einmal unsere Sprache, vielleicht
aus gutem Grunde, nicht bestehen kann.

Im Falle die Elemente nicht als verschwindend in Vergleich zu ihrer gegenseitigen Entfernung angesehen werden dürfen, wird statt des Produktes aus den Ausdehnungsgröfsen der beiden Elemente eine für jeden gegebenen Fall besonders zu bestimmende Funktion ihrer Dimensionen und ihrer mittlern Entfernung gesetzt werden müssen, die wir, wo wir sie brauchen, durch F bezeichnen wollen.

5) Bisher haben wir den Einflufs der gegenseitigen Entfernung der Elemente, zwischen welchen eine Ausgleichung ihres elektrischen Zustandes vor sich geht, unberücksichtigt gelassen, weil wir es jedesmal nur mit solchen Elementen zu thun hatten, die immer dieselbe Entfernung zu einander behielten. Nun aber wirft sich die Frage auf, ob jener Austausch unmittelbar nur zwischen zunächst an einander liegenden Elementen statt finde, oder ob er sich auch auf entfernter liegende erstrecke, und wie in der einen oder der andern Annahme seine Gröfse durch die Entfernung modifizirt werde. Nach dem Vorbilde *Laplace* pflegt man in solchen Fällen, wo Molekularwirkungen aus kleinster Ferne ins Spiel kom-

men, einer besondern Vorstellungsweise sich zu
bedienen, zufolge welcher zwar noch in endlicher
Entfernung eine unmittelbare Wechselwirkung
zwischen zwei durch andere getrennten Elementen
Statt findet, welche Wirkung jedoch so schnell
abnimmt, dafs sie schon bei jeder merklichen
auch noch so kleinen Entfernung als völlig ver-
schwunden anzusehen ist. *Laplace* wurde zu
dieser Hypothese bewogen, weil die Voraussetzung,
dafs die unmittelbare Wirkung nur auf nächste
Elemente sich erstrecke, Gleichungen lieferte, deren einzelne Glieder nicht von derselben Dimension in Bezug auf die Differenzialien der veränderlichen Gröfsen waren *), eine Ungleichförmig-

---

*) *Poifson* in seinem Mémoire sur la Distribution de la
   Chaleur, Journ. de l'école Polytech. Cah. XIX drückt
   sich hierüber so aus:

   Si l'on partage une barre, par des sections perpendi-
   culaires à l'axe, en une infinité d'élémens infiniment pe-
   tits, et que l'on considère l'action mutuelle de trois élémens consécutifs, c'est à dire, la quantité de chaleur que
   l'élément intermédiaire communique et enlève à chaque
   instant aux deux autres, en raison de l'excès positif ou
   negatif de sa température sur celle de chacun d'eux, on
   en conclura facilement l'augmentation de température de
   cet élément pendant un instant infiniment petit; égalant

G

keit, die dem Geiste der Differenzialrechnung gerade zu entgegen ist. Dieses scheinbar unvermeidliche Mifsverhältnifs zwischen den Gliedern einer Differenzialgleichung, die doch nothwendigerweise zu einander gehören, ist zu auffallend, um nicht die Aufmerksamkeit derer, für die solche Untersuchungen Werth haben, auf sich zu ziehen; daher wird ein Versuch, zur Aufklärung dieses Räthsels etwas beizutragen, um so weniger hier am unrechten Orte sein, weil wir den Vortheil erlangen, dafs die folgenden Betrachtungen dadurch einfacher und kürzer ausfallen. Wir wer-

---

donc cette quantité à la differentielle de sa température prise par rapport au temps on formerait l'équation du mouvement de la chaleur suivant la longueur de la barre; mais en examinant plus attentivement la question, on réconnaît sans peine, que cette équation serait fondée sur la comparaison de deux quantités infiniment petites non homogénes, ou de differens ordres, ce qui serait contraire aux premiers principes du calcul differentiel. On ne peut faire disparaitre cette difficulté qu'en supposant, ainsi que M. *Laplace* l'a remarqué le premier (Mémoires de la 1re classe de l'Institut année 1809.), que l'action de chaque élément de la barre s'étend au delà du contact, et qu'elle s'exerce sur tous les élémens compris dans une étendue finie, aussi petite qu'on voudra.

den dabei lediglich die Bewegung der Elektrizität zum Grunde legen, weil es nicht schwer hält, die gewonnenen Resultate auf jeden andern ähnlichen Gegenstand überzutragen, wie wir später, an einem andern Beispiele zu zeigen, die Gelegenheit erhalten werden.

6) Vor allem wird erfordert, dafs wir den Begriff der Leitungsgüte genau festsetzen. Wir drücken aber die Stärke der Leitung zwischen zwei Orten durch eine Gröfse aus, welche unter übrigens gleichen Umständen dem Produkte aus der Menge dessen, was in einer bestimmten Zeit von dem einen Orte zum andern übergeführt wird, in die Entfernung der beiden Orte von einander proportional ist. Sind die beiden Orte ausgedehnt, so ist unter ihrer Entfernung die gerade Linie, welche die Mittelpunkte der Ausdehnung der beiden Orte mit einander verbindet, zu verstehen. Tragen wir diesen Begriff auf zwei elektrische Körperelemente E und E' über und nennen s die gegenseitige Entfernung ihrer Mittelpunkte, q die Elektrizitätsmenge, welche unter völlig bestimmten und unveränderlichen Umständen von einem Elemente zum andern überge-

führt wird, und' $\varkappa$ das zwischen ihnen Statt findende Leitungsvermögen, so ist also

$$\varkappa = q \cdot s.$$

Die durch q bezeichnete Elektrizitätsmenge
werden wir nun näher zu bestimmen suchen.
Nach No. 4. ist die Elektrizitätsmenge, welche in
einer äußerst kurzen Zeit vom einen Elemente
zum andern übergeführt wird, bei unveränderlicher Entfernung im allgemeinen dem Unterschiede
ihrer elektroskopischen Kraft, der Zeitdauer und
der Größe eines jeden der beiden Elemente proportional; bezeichnen wir daher die elektroskopischen Kräfte der beiden Elemente E und E' beziehlich durch u und u' und ihrem Rauminhalt
durch m und m', so erhalten wir für die in dem
Zeitelemente dt von E' nach E übergeführte
Elektrizitätsmenge folgenden Ausdruck:

$$\alpha \, m \, m' \, (u' - u) \, dt,$$

wo α einen irgend wie von der Entfernung s abhängigen Koeffizienten vorstellt. Diese Menge
ändert sich in jedem Augenblicke, wenn $u' - u$
veränderlich ist; nehmen wir aber an, daß die
Kräfte u' und u zu jeder Zeit dieselben bleiben,

so hängt sie blos von der Gröfse des Zeittheilchens *dt* ab, wir können sie daher auf die Zeiteinheit ausdehnen, dann wird sie, wenn wir die
jetzt konstante Differenz der Kräfte $u' - u$ der
Krafteinheit gleich setzen, folgende

$$\alpha\, m\, m'.$$

Diese Elektrizitätsmenge ist für die beiden der
Lage nach unveränderlichen Elemente E und E'
stets eine, unter einerlei Umständen entstandene
Menge, weswegen wir sie zu der eben gegebenen
Bestimmung des Leitungsvermögens gebrauchen
können. Verstehen wir nämlich unter q die in
der Zeiteinheit bei einer konstanten und der
Krafteinheit gleichen Differenz der elektroskopischen Kräfte von dem Elemente E' zu dem Elemente E übergeführte Elektrizitätsmenge, so wird

$$q = \alpha\, m\, m'$$

und nun

$$\varkappa = \alpha\, m\, m'\, s$$

Nehmen wir aus dieser letzten Gleichung den
Werth von $\alpha\, m\, m'$ und substituiren ihn in den
Ausdruck

$$\alpha\, m\, m'\, (u' - u)\, dt,$$

so erhalten wir für die veränderliche Elektrizi-

lätsmenge, welche in dem Zeittheilchen dt von E'
nach E überströmt, folgenden

$$\frac{\varkappa \ (u' - u) \ dt}{s}, \qquad (\delta)$$

welcher Ausdruck das oben erwähnte Mifsverhältnifs zwischen den Gliedern der Differenzialgleichung nicht in seinem Gefolge hat, wie wir bald
wahrnehmen werden.

7) Es lag dem bisherigen Gange die Voraussetzung zum Grunde, dafs die von einem Elemente zu einem andern ausgeübte Wirkung dem
Produkte aus dem Rauminhalte der beiden Elemente proportional sei, eine Voraussetzung, die,
wie schon in No. 4. angemerkt worden ist, in
Fällen, wo es sich um die gegenseitige Wirkung
unendlich nahe bei einander liegender Elemente
handelt, nicht mehr gestattet werden darf, weil
sie entweder eine Relation zwischen der Gröfse
der Körperelemente und ihren gegenseitigen Entfernungen feststellt, oder diesen Elementen eine
bestimmte Gestalt vorschreibt. Es ist daher kein
geringer Vorzug des vorhin für die veränderliche,
von einem Elemente zum andern strömende Elektrizitätsmenge gefundenen Ausdruckes (δ), dafs

er von jener Voraussetzung ganz unabhängig ist;
denn was auch in einem besondern Falle statt
des Produktes mm' gesetzt werden müsse, so
bleibt der Ausdruck (σ) doch stets derselbe,
weil diese Besonderheit sich lediglich in das Leitungsvermögen $\varkappa$ wirft. Stellt nämlich F, wie in
No. 4. angekündigt worden ist, die einem solchen
Falle entsprechende Funktion der Dimensionen
und der mittleren Entfernung beider Elemente
vor, so verwandelt sich augenscheinlich nicht
blos der Ausdruck

$$\alpha\, m\, m'\, (u' - u)\; dt$$

in den

$$F\, (u' - u)\, dt,$$

sondern auch die Gleichung

$$\varkappa = \alpha\, m\, m'\, s$$

in die andere

$$\varkappa = F \quad s, \qquad (\odot)$$

so dafs, wenn man den Werth von F aus dieser Gleichung nimmt und in jenen Ausdruck setzt,
immer wieder derselbe Ausdruck

$$\frac{\varkappa\, (u' - u)\; dt}{s}$$

hervorgeht. Auch der Umstand ist von Bedeu-

tung, dafs der Ausdruck (δ) für solche Körpertheile noch gültig bleibt, deren Dimensionen nicht
mehr unendlich klein sind, wenn nur in allen
Punkten eines jeden solchen Theils dieselbe elektroskopische Kraft befindlich ist. Man sieht hieraus, wie innig sich unsere Betrachtungen an den
Geist der Differenzialrechnung anschliefsen; denn
Gleichartigkeit aller seiner Punkte in Bezug auf
die in Rechnung kommende Eigenschaft ist gerade das entscheidende Merkmal, welches die Differenzialrechnung an dem verlangt, was sie als
Element in sich aufnehmen soll.

Stellt man eine etwas gründlichere Vergleichung des von *Laplace* herrührenden Verfahrens
mit dem von uns vorgeschlagenen an, so wird
man zu nicht uninteressanten Vergleichungspunk-
ten gelangen. Wenn man nämlich bedenkt, dafs
für unendlich kleine Massen in unendlich kleinen
Entfernungen alle besondern Beziehungen nothwendig dasselbe Gewicht haben müssen, als für
endliche Massen in endlicher Entfernung, so läfst
sich nicht sogleich einsehen, wie die Methode des
unsterblichen *Laplace,* der wir schon so viele
wichtige Aufschlüsse über die Natur der Moleku-

larwirkungen verdanken, nach welcher die Elemente stets so behandelt werden, als wären sie
in endliche Entfernungen zu einander gestellt,
doch richtige Resultate liefern konnte; allein man
wird bei näherer Prüfung finden, dafs sie im
Grunde was anderes thut, als sie ausspricht. In
der That da *Laplace,* wenn er die Aenderungen
eines Elementes durch alle es umgebenden bestimmt, höhere Potenzen der Entfernung gegen
niedrigere verschwinden läfst, so setzt er dadurch
ganz im Sinne der Differenzialrechnung die Wirkungsweite selbst unendlich klein, nennt sie aber
endlich und behandelt sie auch als solche, woraus man sogleich ersieht, dafs er allerdings das
unendlich Kleine in unendlich kleiner Entfernung
gleich einem Endlichen behandelt. Wenn man
daher von der gröfsern Bestimmtheit und Anschaulichkeit, die unsere Darstellungsweise beglei-
ten, absehen will, so liefse sich nur in der Hinsicht, vielleicht mit einigem Grunde, etwas gegen
die Behandlung von *Laplace* zu Gunsten der
unsrigen erinnern, dafs sie nämlich auf die mög-
liche Besonderheit der *gegebenen* Körperelemente
durchaus keine Rücksicht nimmt, sondern nur mit

gedachten Raumelementen sich beschäftigt, wodurch die physische Natur der Körper fast ganz verloren geht. So lassen sich wohl, um den Sinn unserer Behauptung durch ein Beispiel zü erläutern, Körper in der Natur denken, die aus lauter gleichen Elementen bestehen, deren Stellung zu einander aber, in einer Richtung genommen, eine andere sein könnte, als in einer andern Richtung; solche Körper könnten dann, wie unsere Darstellungsweise sogleich zu erkennen gibt, nach der einen Richtung die Elektrizität auf eine andere Weise leiten, als nach der andern, während sie demungeachtet gleichartig und gleich dicht erscheinen könnten. In einem solchen Falle, wenn er vorkäme, müfste man nach *Laplace* zu Betrachtungen, die dem allgemeinen Gange fremd geblieben sind, seine Zuflucht nehmen. Umgekehrt gibt die Art, wie die Körper leiten, ein Mittel an die Hand, durch das wir befugt werden, auf ihren innern Bau zu schliefsen, was wir, bei der fast gänzlichen Unbekanntschaft mit demselben, nicht von der Hand weisen wollen. Schliefslich fügen wir noch hinzu, dafs diese unsere bisher entwickelte Ansicht der Molekularwirkungen die beiden von *Laplace* und von *Fourier,* in dessen Theorie der Wärme, aufgestellten in sich vereinigt und dadurch gleichsam beide mit einander aussöhnt.

8) Wir tragen nun kein Bedenken mehr, die elektrische Wirkung eines Körperelements nicht über die es zunächst umgebenden Elemente hinausreichen zu lassen, so dafs also die Wirkung in jeder endlichen auch noch so kleinen Entfernung völlig verschwindet. Es dürfte zwar die so geringe Wirkungsweite bei der fast unendlichen Geschwindigkeit, womit die Elektrizität manche Körper durchströmt, bedenklich scheinen; allein wir haben bei ihrer Annahme nicht aufser Acht gelassen, dafs unsere Vergleichung in solchen Fällen nur durch einen sinnlich relativen Maafsstab geschieht, der trüglich ist, und uns daher zur Abänderung eines so einfachen und in sich so abgeschlossenen Gesetzes, so lange nicht berechtigt, bis die aus ihm gezogenen Folgerungen mit der Natur in Widerstreit gerathen, welches jedoch bei unserm Gegenstande der Fall nicht zu sein scheint.

Die so von uns festgesetzte Wirkungsweite

hat, obgleich sie unendlich klein ist, mit der von
Laplace eingeführten, sogenannten endlichen, da
wo er die höhern Potenzen der Entfernung gegen niedrigere verschwinden läfst, völlig einerlei
Umfang, wovon sich der Grund aus dem bereits
Gesagten leicht entnehmen läfst; die Annahme einer endlichen Wirkungsweite in unserm Sinne
würde dem Falle entsprechen, wo *Laplace* höhere Potenzen der Entfernung gegen niedrigere
noch beibehält.

9) Die Körper, an welchen wir die elektrischen Erscheinungen beobachten, sind in den
meisten Fällen von Luft umgeben; es ist daher
zu einer erschöpfenden Beurtheilung des ganzen
Herganges erforderlich, dafs wir die Veränderungen, welche durch die angrenzende Luft veranlafst
werden können, nicht unberücksichtigt lassen.
Nach den von *Coulomb* uns hinterlassenen Versuchen über die Zerstreuung der Elektrizität in
die umgebende Luft ist der dadurch verursachte
Verlust an Kraft, während einer sehr kurzen konstanten Zeit, wenigstens bei nicht sehr beträchtli-
chen Intensitäten, einerseits der Stärke der Elektrizität proportional, und andererseits von einem

nach der jedesmaligen Beschaffenheit der Luft sich richtenden, übrigens für dieselbe Luft unveränderlichen Koeffizienten abhängig. Diese Erfahrung setzt uns in den Stand, den Einfluß der Luft auf die galvanischen Erscheinungen, da,wo es nöthig sein sollte, in Rechnung zu bringen. Es ist jedoch hierbei nicht zu übersehen, daß *Coulombs* Versuche an der ins Gleichgewicht gekommenen, nicht mehr im Erregungsprocesse begriffenen, Elektrizität gemacht worden sind, von der uns Beobachtungen sowohl, als die Rechnung gezeigt haben, daß sie an die Oberfläche der Körper gebunden ist, oder doch nur auf eine unmerkliche Tiefe in das Innere der Körper eindringt; denn daraus läßt sich die für unsern Gegenstand nicht unwichtige Folgerung ziehen, daß alle bei jenen Versuchen vorhandene Elektrizität an dem Ueberströmen in die Luft unmittelbaren Antheil genommen habe. Bringt man nun mit dieser Bemerkung das eben ausgesprochene Gesetz in Verbindung, nach welchem zwei in jeder endlichen Entfernung zu einander stehende Körperelemente keine unmittelbare Wirkung mehr auf einander äußern, so ist man zu

dem Schlusse berechtigt, dafs, wo die Elektrizität
durch die ganze Masse eines endlichen Körpers
sich gleichförmig oder doch so verbreitet, dafs
sich nicht ein verhältnifsmäfsig sehr grofser Theil
in der Nähe der Oberfläche aufhält, welcher Fall
bei der in Bewegung gerathenen im Allgemeinen
nicht eintritt, dafs also in diesem Falle der Verlust, welcher durch die umgebende Luft verur-
sacht wird, nur äufserst gering sein kann in Vergleich zu dem, welcher Statt findet, wenn die
ganze Kraft, wie diefs bei der ins Gleichgewicht
gekommenen stets geschieht, zunächst an der
Oberfläche sitzt; daher kommt es denn auch, dafs
die Luft auf galvanische Erscheinungen an der
geschlossenen Kette, wenn diese aus guten Leitern zusammengesetzt ist, keinen fühlbaren Einflufs ausübt, so dafs die durch das Dasein der
Luft hervorgebrachten Aenderungen in den Erscheinungen der Berührungselektrizität in solchen
Fällen vernachlässigt werden können. Diese Folgerung erhält durch den Umstand noch eine neue
Stütze, dafs in denselben Fällen die Kontaktelek-
trizität nur eine äufserst geringe Zeit hindurch an
den Leitern sich aufhält, und also schon deshalb

nur einen sehr geringen Theil an die Luft abge-
ben würde, auch wenn sie durchaus in unmittelbarer Berührung mit ihr stände.

Obgleich durch das Gesagte aufser Zweifel
gesetzt worden ist, dafs die Einwirkung der Luft
auf die Wirkungsgröfse der gewöhnlichen galvanischen Ketten keinen fühlbaren Einflufs hat, so
soll damit doch keineswegs die Umkehrung des
Schlusses eingeräumt werden, dafs nämlich der
galvanische Leiter auf die elektrische Beschaffenheit der Luft keinen merklichen Einflufs ausübe;
denn die elektroskopische Wirkung eines Körpers
auf einen andern steht, wie die Rechnung lehrt,
mit der Menge der Elektrizität, welche aus dem
einen in den andern übergeführt wird, in keinem
unmitttelbaren Zusammenhange.

10) Endlich kommen wir zu jenem für die
gesammte Naturwissenschaft höchst wichtigen Er-
fahrungssatze, der die Grundlage aller Erscheinungen ausmacht, die wir mit dem Namen der
galvanischen belegen, und der sich so ausspre-
chen läfst: Verschiedenartige Körper, welche sich
berühren, behaupten an der Berührungsstelle fortwährend einen und denselben Unterschied ihrer

elektroskopischen Kräfte, vermöge eines aus ihrem Wesen hervorgehenden Gegensatzes, den wir durch den Ausdruck *elektrische Spannung* oder *Differenz der Körper* zu bezeichnen pflegen. So ausgesprochen steht der Satz, ohne an Einfachheit zu verlieren, in einer Allgemeinheit da, die ihm angehört, weil man auf sie fast durch jede einzelne Erscheinung immer wieder hingewiesen wird. Auch wird obiger Satz in seiner ganzen Allgemeinheit bei der Erklärung der elektroskopischen Erscheinungen an *Volta's* Säule stets, wenn nicht ausdrücklich, doch stillschweigend, von allen Physikern angenommen. Nach unsern früher entwickelten Vorstellungen von der Art und Weise, wie Körperelemente auf einander wirken, müssen wir die Quelle dieser Erscheinung in den unmittelbar an einander stofsenden Körperelementen aufsuchen, und also den Sprung in einer unendlich kleinen Ausdehnung von einem Körper zum andern geschehen lassen.

11) So ausgerüstet gehen wir nun zur Sache, und betrachten zunächst die Elektrizitätsbewegung an einem gleichartigen, zylindrischen oder

prismatischen Körper, in welchem alle Punkte in der ganzen Ausdehnung eines jeden senkrecht auf seine Achse gestellten Schnittes zu derselben Zeit einerlei elektroskopische Kraft besitzen, so dafs die Bewegung der Elektrizität nur in der Richtung seiner Achse geschehen kann. Denken wir uns diesen Körper durch lauter solche Schnitte in Scheiben von unendlich kleiner Dicke zerlegt, dergestalt, dafs in dem ganzen Umfange einer jeden Scheibe die elektroskopische Kraft sich nicht ändert, so ist offenbar für jedes Paar solcher Scheiben der in No. **6** gegebene Ausdruck (δ) zur Bestimmung der von der einen zur andern Scheibe übergehenden Elektrizitätsmenge anwendbar; aber durch die in der vorigen Nummer geschehene Beschränkung der Wirkungsweite auf nur unendlich kleine Entfernungen wird seine Natur dahin modifizirt, dafs er verschwindet, so wie der Divisor aufhört, unendlich klein zu sein.

Wählen wir nun einen der unendlich vielen Schnitte unabänderlich zum Anfang der Abscissen, und denken uns irgendwo einen zweiten, dessen Entfernung von jenem wir mit x bezeichnen, so stellt dx die Dicke der daselbst befindlichen

H

Scheibe, die wir durch M bezeichnen werden,
vor. Denken wir uns diese Dicke der Scheiben an
allen Stellen von gleicher Gröfse und nennen u
die zur Zeit t in der Scheibe M, deren Abscisse
x ist, befindliche elektroskopische Kraft, so dafs
also u im Allgemeinen eine Funktion von t und x
sein wird; stellen ferner u' und u, Funktionen
vor, die aus der u sich ergeben, wenn in ihr
beziehlich $x + dx$ und $x - dx$ für x gesetzt
wird, so drücken u' und u, offenbar die elektroskopischen Kräfte der auf beiden Seiten der
Scheibe M zunächst anliegenden Scheiben aus,
wovon wir die zur Abscisse $x + dx$ gehörige
durch M' und die zur Abscisse $x - dx$ gehörige
durch M, bezeichnen werden, und es fällt in die
Augen, dafs die Entfernung des Mittelpunktes einer jeden der Scheiben M' und M, von dem
Mittelpunkte der Scheibe M dx ist. Es ist mithin in Folge des in No. **6** gegebenen Ausdruckes
($\male$), wenn $\varkappa$ das Leitungsvermögen von der
Scheibe M' zur Scheibe M vorstellt,

$$\frac{\varkappa \ (u' - u) \ dt}{dx}$$

die Elektrizitätsmenge, welche während der Dauer

des Zeitelementes dt aus der Scheibe M' in die Scheibe M übergeht, oder von dieser in jene, je nachdem $u'-u$ positiv oder negativ ist. Eben so ist, wenn wir zwischen den Scheiben $M,$ und M dasselbe Leitungsvermögen annehmen

$$\frac{\varkappa\;(u,-u)\;dt}{dx}$$

die aus $M,$ nach M übergehende Elektrizitätsmenge, wenn der Ausdruck positiv und die aus M nach $M,$, wenn er negativ ist. Die gesammte Aenderung der Elektrizitätsmenge, welche die Scheibe M durch die Bewegung der Elektrizität im Innern des Körpers in dem Zeittheilchen dt erleidet, ist folglich

$$\frac{\varkappa\;(u'+u,-2u)\;dt}{dx},$$

und es wird eine Vermehrung der Elektrizitätsmenge ausgedrückt, wenn dieser Werth positiv ist, im Gegentheile eine Verminderung derselben.

Nun ist aber nach dem Taylorschen Satze

$$u'=u+\frac{du}{dx}\;\;dx+\frac{d^2u}{dx^2}\cdot\frac{dx^2}{2}+$$

und eben so

$$u,=u-\frac{du}{dx}\cdot dx+\frac{d^2u}{dx^2}\;\frac{dx^2}{2}-$$

also

$$u' + u, = 2u + \frac{d^2u}{dx^2}\, dx^2$$

Diesemnach ändert sich der eben gefundene Ausdruck für die gesammte Aenderung der in der Scheibe M befindlichen Elektrizitätsmenge während der Zeit dt um in

$$\varkappa \quad \frac{d^2u}{dx^2}\, dx\, dt,$$

wo $\varkappa$ das von einer Scheibe zu der nächst anliegenden obwaltende Leitungsvermögen vorstellt, welches wir auf die ganze Länge des homogenen Körpers als unveränderlich annehmen. Es ist hierbei zu bemerken, daſs dieser Werth $\varkappa$ wegen der unendlich kleinen Wirkungsweite dem Querschnitte des zylindrischen oder prismatischen Körpers proportional ist; bezeichnen wir daher die Gröſse dieses Querschnittes mit ω, und sondern diesen Faktor von dem Werthe $\varkappa$ ab, den übrigen Theil noch immer $\varkappa$ nennend, so verwandelt sich der vorige Ausdruck in

$$\varkappa \; \omega \; \frac{d^2u}{dx^2}\, dx\, dt,$$

wo das jetzige $\varkappa$ das Leitungsvermögen des Körpers unabhängig von der Größe des Schnittes vorstellt, welches wir das *absolute* Leitungsvermögen des Körpers nennen wollen, im Gegensatze zum vorigen, welches das *relative* heißen kann. Wo von jetzt an das Wort Leitungsvermögen ohne nähere Bezeichnung vorkommt, ist immer das absolute darunter zu verstehen.

Bisher haben wir auf die Veränderung, welche die Scheibe durch die angrenzende Luft erleidet, keine Rücksicht genommen. Dieser Einfluß läßt sich leicht so bestimmen. Stellt nämlich c den Umfang der Scheibe, die zur Abscisse x gehört, vor, so ist $c\,dx$ der Theil ihrer Oberfläche, welcher an die Luft angrenzt, mithin ist nach den in No. 9 angeführten Versuchen *Coulombs*

$$b\ c\ u\ dx\ dt$$

die Aenderung der Elektrizitätsmenge, welche die Scheibe M durch den Uebergang der Elektrizität in die Luft während des Zeitelementes dt erfährt, wo b einen von der jedesmaligen Beschaffenheit der Luft abhängigen, für dieselbe Luft aber konstanten Koeffizienten vorstellt. Sie drückt eine Verminderung aus, wenn u positiv, und eine

Vermehrung, wenn u negativ ist. Unserer ursprünglichen Voraussetzung zur Folge darf aber diese Wirkung keine Ungleichheit der elektroskopischen Kraft in einem und demselben Schnitte des Körpers nach sich ziehen, oder wenigstens muſs diese Ungleichheit so geringe sein, daſs daraus keine fühlbare Aenderung in den übrigen Gröſsenbestimmungen hervorgehet; ein Umstand, der in der galvanischen Kette fast immer vorausgesetzt werden kann.

Sonach ist die gesammte Aenderung, welche die Elektrizitätsmenge der Scheibe M in der Zeit dt erleidet

$$\varkappa \, \omega \, \frac{d^2 u}{dx^2} \, dx \quad dt - b c u \, dx \, dt,$$

worin sowohl der Theil begriffen ist, welcher durch die Bewegung der Elektrizität im Innern des Körpers veranlaſst wird, als auch der, welchen die umgebende Luft bewirkt.

Es ist aber die in dem Zeittheilchen dt erfolgte gesammte Aenderung der in der Scheibe M befindlichen elektroskopischen Kraft u

$$\frac{du}{dt} \, dt,$$

mithin die gesammte Aenderung der Elektrizitätsmenge in der Scheibe M während der Zeit dt

$$\omega \, \frac{du}{dt} \, dx \, dt \, ,$$

wobei indessen vorausgesetzt worden ist, daſs unter allen Umständen gleiche Aenderungen der elektroskopischen Kraft gleichen Aenderungen der Elektrizitätsmenge entsprechen. Wenn die Erfahrung lehrte, daſs verschiedene Körper von einerlei Ausdehnungsgröſse durch dieselbe Elektrizitätsmenge eine verschiedene Aenderung in ihrer elektroskopischen Kraft erleiden, so müſste zu vorigem Ausdrucke noch ein diese Eigenthümlichkeit der verschiedenen Körper messender Koeffizient γ gefügt werden. Die Erfahrung hat über diese aus dem Verhalten der Wärme zu den Körpern entlehnte Muthmaſsung noch nicht entschieden.

Setzt man nun die beiden kurz zuvor für die gesammte Aenderung der Elektrizitätsmenge in der Scheibe M während des Zeitelementes dt gefundenen Ausdrücke gleich und dividirt alle Glieder der Gleichung durch $\omega \, dx \, dt$, so erhält man

$$\gamma \, \frac{du}{dt} = \varkappa \, \frac{d^2 u}{dx^2} - \frac{bc}{\omega} \, u \qquad (a)$$

woraus die elektroskopische Kraft u als Funktion von x und t zu bestimmen ist.

12) Wir haben in voriger Nummer für die zwischen den Scheiben M' und M während der Zeit dt Statt findende Aenderung der Elektrizitätsmenge gefunden

$$\frac{\varkappa\,(u' - u)\,dt}{dx}$$

und gesehen, dafs die Richtung des Ueberganges dem Laufe der Abscissen entgegen ist, wenn der Ausdruck positiv, dagegen im Sinne der Abscissen läuft, wenn der Ausdruck negativ ist. Eben so ist die Gröfse des Ueberganges zwischen den Scheiben M, und M, wenn wir dieselbe Beziehung seiner Richtung beibehalten

$$\frac{\varkappa\,(u, - u)\,dt}{dx}.$$

Setzen wir in diesen beiden Ausdrücken für u' und u, die in derselben Nummer gegebenen Umformungen und zugleich $\varkappa\omega$ für $\varkappa$, d. h. das absolute Leitungsvermögen statt des relativen, so erhalten wir in beiden Fällen

$$\varkappa\,\omega\,\frac{du}{dx}\,dt,$$

woraus hervorgeht, dafs dieselbe Elektrizitätsmenge, welche während des Zeitelementes dt von
der einen Seite in die Scheibe M eingeht, in derselben Zeit wieder aus ihr nach der andern
Seite hin fortgeschickt wird. Denken wir uns
dieses zu der Zeit t in der zur Abscisse x gehörigen Scheibe M herrschende Fortrücken der
Elektrizität in unveränderlicher Stärke auf die
Zeiteinheit bezogen, nennen es den *elektrischen
Strom*, und bezeichnen die Gröfse dieses Stromes mit S, so ist also

$$S = \varkappa\omega\,\frac{du}{dx} \qquad (b)$$

und dabei geben positive Werthe für S zu erkennen, dafs der Strom gegen die Richtung der
Abscissen Statt findet, negative, dafs er im Sinne
der Abscissen geschieht.

13) In den beiden vorhergehenden Num-
mern haben wir stets einen gleichartigen prismatischen Körper vor Augen gehabt, und in ihm
die Verbreitung der Elektrizität unter der Voraussetzung untersucht, dafs in der ganzen Ausdehnung eines jeden senkrecht auf seiner Länge
oder Achse gestellten Schnittes einerlei elektro-

skopische Kraft zu jeder beliebigen Zeit vorhanden sei. Nun wollen wir den Fall in Erwägung ziehen, wenn zwei so beschaffene prismatische Körper A und B von verschiedener Materie neben einander liegen und in einer gemeinschaftlichen Grundfläche an einander stofsen. Setzen wir für beide Körper A und B denselben Abscissenanfang fest und bezeichnen durch u die elektroskopische Kraft des Körpers A, und durch u' die des Körpers B, so wird u sowohl als u' durch die Gleichung (a) in No. 11. bestimmt, wenn nur x jedesmal den Werth erhält, wie er der besondern Materie eines jeden Körpers entspricht; aber u stellt eine Funktion von t und x vor, die nur so lange Werthe hat, als die Abscisse x zu Stellen des Körpers A führt, u' dagegen stellt eine solche Funktion von t und x vor, die nur dann Werthe hat, wenn die Abscisse x dem Körper B entspricht. Es finden aber an der gemeinschaftlichen Grundfläche noch besondere Bedingungen Statt, die wir aus einander setzen wollen. Bezeichnen wir zu dem Ende die besondern Werthe von u und u', welche sie zunächst an der gemeinschaftlichen Grundfläche annehmen, dadurch, dafs wir die allgemeinen in Klammern setzen, so findet nach dem in No. **10.** aufgestellten Gesetze zwischen diesen besondern Werthen folgende Gleichung statt:

$$(u) - (u') = a,$$

wo a eine von der Natur der beiden Körper abhängige übrigens konstante Gröfse vorstellt. Neben dieser Bedingung, welche die elektroskopische Kraft angeht, gibt es noch eine zweite, die sich auf den elektrischen Strom bezieht. Sie besteht darin, dafs der elektrische Strom zunächst an der gemeinschaftlichen Grundfläche in beiden Körpern gleiche Gröfse und gleiche Richtung haben müsse, oder dafs, wenn man den gemeinschaftlichen Faktor ω beibehält,

$$\varkappa \, \omega \left(\frac{du}{dx}\right) = \varkappa' \, \omega \left(\frac{du'}{dx}\right)$$

sein müsse, wo $\varkappa$ das absolute Leitungsvermögen des Körpers A, $\varkappa'$ das des Körpers B bezeichnet und $\left(\frac{du}{dx}\right)$, $\left(\frac{du'}{dx}\right)$ die besondern Werthe von $\frac{du}{dx}$, $\frac{du'}{dx}$ vorstellen, welche ihnen zunächst an der gemeinschaftlichen Grundfläche zukommen, und zudem vorausgesetzt wird, dafs in dieser ge-

meinschaftlichen Grundfläche nicht der Anfang
der Abscissen genommen sei. Die Nothwendig-
keit dieser letzten Gleichung läſst sich leicht einsehen; denn wären die beiden Ströme an der
gemeinschaftlichen Grundfläche nicht gleich groſs,
sondern würde aus dem einen Körper dieser
Grundfläche mehr zugeführt, als durch den andern Körper von ihr abgeführt wird, und wäre
dieser Unterschied ein endlicher Theil des ganzen Stromes, so müſste die elektroskopische Kraft
daselbst anwachsen, und zwar bei der ungemei-
nen Ergiebigkeit des elektrischen Stromes in der
kürzesten Zeit zu einem äuſserst hohen Grade gelangen, was die Erfahrung längst angezeigt hätte.
Auch kann nicht etwa aus dem einen Körper an
die gemeinschaftliche Grundfläche eine geringere
Menge Elektrizität abgegeben werden, als ihr durch
den andern Körper genommen wird, weil dieser
Umstand durch einen unendlich hohen Grad von
negativer Elektrizität sich zu erkennen geben
müſste.

Es ist zur Gültigkeit der vorhergehenden
Bestimmungen nicht gerade zu erforderlich, daſs
beide an einander stoſsende Körper einerlei

Grundfläche haben; es kann wohl der Querschnitt
in dem einen prismatischen Körper von andrer
Gröfse und Gestalt sein als im andern, wenn nur
dadurch die elektroskopische Kraft an verschiede
nen Stellen eines und desselben Querschnittes
nicht merklich verschieden wird, welches bei der
grofsen Heftigkeit, womit die Elektrizität sich aus-
zugleichen strebt, stets der Fall sein wird, da wo
die Körper gute Leiter sind, deren Länge ihre
übrigen Dimensionen bei weitem übertrifft. Es
bleibt dann in diesem Falle alles noch wie vorhin, nur mufs überall der Querschnitt des Körpers B von dem des Körpers A unterschieden
werden, daher ändert sich die zweite Bedingungs
gleichung für die Stelle, wo beide Körper au einander stofsen, in folgende um:

$$\varkappa \omega \left(\frac{du}{dx}\right) = \varkappa' \omega' \left(\frac{du'}{dx}\right),$$

wo ω noch immer den Querschnitt des Körpers
A, ω' aber den des Körpers B vorstellt, der
jetzt von dem vorigen verschieden ist.

Es können sogar in der Verlängerung des
Körpers A zwei von einander getrennte prismatische Körper B und C sich befinden, die beide

an der einen Grundfläche des Körpers A unmittelbar anliegen. Bezeichnet dabei x', ω', u' für den Körper B und x'', ω'', u'' für den Körper C was x, ω, u für den Körper A sind, so erhält man statt der einen Bedingungsgleichung folgende zwei

$$(u) - (u') = a$$
$$(u) - (u'') = a',$$

wo a die elektrische Spannung zwischen den Körpern A und B und a' die zwischen den Körpern A und C vorstellt. Eben so erhält man statt der zweiten Bedingungsgleichung nun folgende:

$$x \; \omega \left(\frac{du}{dx} \right) = x' \; \omega' \left(\frac{du'}{dx} \right) + x'' \; \omega'' \left(\frac{du''}{dx} \right).$$

Man sieht sogleich ein, wie diese Gleichungen sich ändern müssen, wenn noch mehr Körper mit einander in Verbindung gebracht werden. Wir gehen auf diese Verwickelungen nicht weiter ein, da das bisher Gesagte hinreichend ist, die Aenderungen, welche in einem solchen Falle mit den Gleichungen vorgenommen werden müssen, hinlänglich übersehen zu lassen.

14) Um Mißverständnissen auszuweichen,

will ich hier am Schlusse der allgemeinen Betrachtungen den Kreis der Anwendung, innerhalb
welchem unsere Formeln allgemeine Gültigkeit
haben, noch einmal scharf bezeichnen. Unsere
ganze Untersuchung ist nämlich auf den Fall beschränkt, wo alle Theile eines und desselben
Querschnittes einerlei elektroskopische Kraft besitzen, und die Gröfse des Querschnittes wenigstens nur von dem einen Körper zum andern
sich ändert. Die Natur der Sache führt indessen häufig Umstände herbei, die eine oder die
andere dieser Bedingungen überflüssig machen,
oder doch wenigstens ihre Wichtigkeit mindern.
Da die Kenntnifs solcher Umstände nicht ohne
Nutzen ist, so will ich die hauptsächlichsten derselben hier noch in einem Beispiele erläutern.

Eine Kette aus Kupfer, Zink und einer wäs-
serigen Flüssigkeit wird sich ganz an obige Formeln anschliefsen, wenn Kupfer und Zink prismatisch und von gleichem Querschnitte sind,
wenn ferner die Flüssigkeit ebenfalls prismatisch
und von demselben oder auch wohl kleinerm
Querschnitte ist und ihre Grundflächen überall
von den Metallen berührt werden. Ja wenn nur

diese letztern Bedingungen an der Flüssigkeit erfüllt sind, dann mögen die Metalle unter sich
gleichen Querschnitt haben oder nicht, und mit
ihren vollen Querschnitten oder nur an einzelnen
Stellen derselben sich einander berühren, und
sogar ihre Form kann von der prismatischen bedeutend abweichen, immer wird doch die Kette
den aus unsern Formeln abgeleiteten Gesetzen
gehorchen müssen; denn die in den Metallen mit
so grofser Leichtigkeit erfolgende Bewegung der
Elektrizität wird durch die nichtleitende Eigenschaft der Flüssigkeit in so überaus grofsem
Maafse gehemmt, dafs sie Zeit genug gewinnt,
über die Metalle sich durchaus in gleicher Stärke
zu verbreiten, und so in der Flüssigkeit die unserer Rechnung zu Grunde liegenden Bedingungen wieder herzustellen. Ganz anders aber verhält sich die Sache, wenn die prismatische Flüssigkeit nur in unverhältnifsmäfsig kleinen Theilen
ihrer Grundflächen von den Metallen berührt
wird, weil die dort anlangende Elektrizität nur
langsam und mit bedeutendem Kraftverluste sich
an die nicht berührten Stellen der Grundflächen
in der Flüssigkeit hinziehen kann, woraus Strö-

mungen von gar mannigfaltiger Art und Richtung
hervorgehen. Die Realität solcher Strömungen
ist durch *Pohls* vielfach abgeänderte Versuche
hinreichend nachgewiesen und ihrer Bestimmung
durch die Rechnung steht von jetzt an, nach den
Bereicherungen, welche die Mathematik durch die
folgenreichen Bemühungen um die Wärmelehre
erhalten hat, nichts mehr als die Verwickelung
der Ausdrücke in dem Wege. Da jene Bestimmung die Grenzen dieser kleinen Schrift, welche
den Strom nur in einer Dimension verfolgt, bei
weitem übersteigt, so verschieben wir sie auf eine
gelegenere Zeit.

Wir gehen nun zur Anwendung der aufgestellten Formeln über und theilen der leichtern
Uebersicht halber das Ganze in zwei Abschnitte,
wovon der eine von den elektroskopischen Erscheinungen und der andere von den Erscheinungen des elektrischen Stromes handeln wird.

B) *Elektroskopische Erscheinungen.*

15) In unsern vorangegangenen allgemeinen
Bestimmungen haben wir stets prismatische
Körper vor Augen gehabt, deren Achse, auf welcher die Abscissen genommen worden sind, eine
gerade Linie bildete. Es bleiben aber alle dortigen Betrachtungen noch ganz dieselben, wenn
man sich den Leiter irgend wie stetig gekrümmt
vorstellt und die Abscissen immer noch auf der
nun gebogenen Achse des Leiters nimmt. Durch
diese Bemerkung erhalten obige Formeln erst
ihre volle Anwendbarkeit, weil galvanische Ketten
ihrer Natur nach nur selten in gerader Linie
ausgestreckt sein können. Dieses vorausgeschickt
gehen wir nun gleich zu dem einfachsten Falle
über, wo der prismatische Leiter seiner ganzen
Länge nach aus derselben Materie gebildet und in
sich selbst zurück gebogen ist und denken uns da,
wo seine beiden Enden sich einander berühren,
den Sitz der elektrischen Spannung. Obgleich
diesem gedachten Falle kein ähnlicher in der Natur entspricht, so wird er uns demungeachtet bei

der Behandlung der übrigen, in der Wirklichkeit vorhandenen Fälle von nicht geringem Nutzen sein.

Die elektroskopische Kraft an jeder beliebigen Stelle eines solchen prismatischen Körpers läfst sich aus der in No. 11. gefundenen Differenzialgleichung (a) herleiten. Man hat zu dem Ende nichts weiter zu thun, als sie zu integriren und die in das Integral eingehenden willkührlichen Funktionen oder Konstanten den übrigen Bedingungen der Aufgabe gemäfs zu bestimmen. Dieses Geschäft wird aber bei unserm Gegenstande meistens dadurch sehr erleichtert, dafs ein oder gar zwei Glieder der Natur der Sache nach aus der Gleichung (a) wegfallen. So sind fast alle galvanischen Wirkungen der Art, dafs die Erscheinungen gleich nach ihrer Entstehung bleibend und unveränderlich sind. In diesem Falle ist daher die elektroskopische Kraft von der Zeit unabhängig, deshalb geht die Gleichung (a) in folgende über:

$$o = \varkappa \, \frac{d^2 u}{dx^2} - \frac{bc}{\omega} \, u$$

Ferner hat, worauf wir schon in No. 9. auf-

merksam gemacht haben, in den meisten Fällen
die umgebende Luft keinen Einfluß auf die elektrische Beschaffenheit der galvanischen Kette;
dann ist $b = o$, wodurch die letzte Gleichung
umgeändert wird in diese:

$$o = \frac{d^2 u}{dx^2}.$$

Das Integral dieser letzten Gleichung ist aber

$$u = fx + c, \qquad (c)$$

wo f und c beliebige noch zu bestimmende Konstanten vorstellen. Die Gleichung (c) drückt
mithin das Gesetz der elektrischen Vertheilung
in einem homogenen, prismatischen Leiter in allen solchen Fällen aus, wo die Ableitung der
Luft unmerklich ist und die Wirkung mit der
Zeit sich nicht mehr ändert. Bei diesen in der
Wirklichkeit am häufigsten die galvanische Kette
begleitenden Umständen werden wir eben deshalb
am längsten verweilen.

Zur Bestimmung der einen Konstante gelangen wir durch die an den Enden des Leiters hervortretende Spannung, welche unveränderlich und
in jedem Falle als gegeben anzusehen ist. Denken wir uns nämlich den Anfang der Abscissen

irgendwo in der Achse des Körpers und bezeichnen die zu seinem einen Ende gehörige Abscisse
durch x_1 so ist die dort befindliche elektroskopische Kraft in Gemäfsheit der Gleichung (c)

$$f x_1 + c;$$

eben so erhalten wir für die elektroskopische
Kraft des andern Endes, wenn wir durch x_2
seine Abscisse bezeichnen,

$$f x_2 + c.$$

Nennen wir nun die an diesen Enden gegebene
Spannung oder Differenz der elektroskopischen
Kraft a, so ist also

$$a = \pm\, f(x_1 - x_2).$$

Es stellt aber $x_1 - x_2$ offenbar die ganze, positive oder negative, Länge des prismatischen Leiters vor, bezeichnen wir diese mit l, so wird
demnach

$$a = \pm\, f\, l,$$

woraus sich die Konstante f bestimmen läfst.
Setzt man den so gefundenen Werth dieser Konstante in die Gleichung (c), so verwandelt sich
diese in folgende:

$$u = \pm\, \frac{a}{l}\, x + c,$$

so dafs nur noch die Konstante c zu bestimmen
übrig bleibt. Die Zweideutigkeit dieses Zeichens
+ können wir in die Spannung a legen, dadurch
dafs wir ihr einen positiven Werth zuschreiben,
wenn das Ende des Leiters, welches zur gröfsern
Abscisse gehört, die gröfsere elektroskopische
Kraft besitzt; im Gegentheile legen wir ihr einen
negativen Werth bei. Unter dieser Voraussetzung ist nun allgemein

$$u = \frac{a}{l}\, x + c. \qquad (d)$$

Die Konstante c bleibt im Allgemeinen völlig unbestimmt, wodurch man es in seine Gewalt
bekommt, die Vertheilung der Elektrizität in dem
Leiter durch äufsere Einflüsse nach Gefallen auf
eine den ganzen Leiter überall gleichmäfsig in
Anspruch nehmende Weise sich abändern zu
lassen.

Unter den mancherlei in Betreff dieser Konstante zu nehmenden Berücksichtigungen ist für
die galvanische Kette eine von besonderer Wichtigkeit; ich meine die, welche voraussetzt, dafs
die Kette an irgend einer Stelle mit einem vollkommenen Ableiter in Verbindung gebracht wird

so dafs die elektroskopische Kraft an dieser
Stelle fortwährend als vernichtet anzusehen ist,
Nennt man die zu dieser Stelle gehörige Abscisse
λ, so ist gemäfs der Gleichung (d)

$$o = \frac{a}{l} \lambda + c.$$

Bestimmt man hieraus die Konstante c und setzt
ihren Werth in dieselbe Gleichung (d), so erhält man

$$u = \frac{a}{l} (x - \lambda),$$

woraus sich die elektroskopische Kraft einer galvanischen Kette von der Länge l und der Spannung a, die an irgend einer gegebenen Stelle, deren Abscisse λ ist, ableitend berührt wird, für
jede andere Stelle finden läfst.

Wenn statt der bleibenden Ableitung nach
aufsen irgend eine konstante und vollkommene
Zuleitung von aufsen der galvanischen Kette gegeben würde, so dafs die zur Abscisse λ gehörige elektroskopische Kraft beständig fort eine gegebene Stärke, die wir mit α bezeichnen wollen,
anzunehmen gezwungen würde, so erhielte man
zur Bestimmung der Konstante c die Gleichung:

$$\alpha = \frac{a}{l} \lambda + c,$$

und nun zur Bestimmung der elektroskopischen
Kraft der Kette an jeder andern Stelle folgende:

$$u = \frac{a}{l} (x - \lambda) + \alpha.$$

Wir haben gesehen, wie sich die Konstante
c bestimmen läfst, wenn die elektroskopische
Kraft irgend einer Stelle der Kette durch äufsere
Umstände angezeigt wird; nun wirft sich aber
die Frage auf, welchen Werth man der Konstante zu geben habe, wenn die Kette sich selber
gänzlich überlassen bleibt und daher dieser
Werth aus äufsern Umständen sich nicht entnehmen läfst. Die Beantwortung dieser Frage liegt
in der Erwägung, dafs jedesmal beide Elektrizitäten zugleich und in gleicher Menge aus einem
zuvor indifferenten Zustande hervorgehen. Es
läfst sich daher behaupten, dafs eine einfache
Kette von der jetzigen Art, die in einem vollkommen neutralen und isolirten Zustande sich bildet, diesseit und jenseit der Berührungsstelle einen gleichen, aber entgegengesetzten, elektrischen
Zustand annehmen werde, woraus dann von

selbst folgt, dafs ihre Mitte indifferent sein werde.
Aus demselben Grunde läfst sich aber auch einsehen, dafs, wenn die Kette im Augenblicke ihrer
Bildung irgend wodurch veranlafst wird, von
diesem ihrem normalen Zustande abzuweichen, so
wird sie den abnormalen behalten, so lange, bis
sie durch fremde Kräfte neuerdings zu einer
Aenderung gestimmt wird.

Die Eigenschaften einer einfachen galvanischen Kette, wie wir sie uns bisher gedacht haben, bestehen demnach wesentlich in folgenden,
wie aus der Gleichung (*d*) unmittelbar erhellet:

a) Die elektroskopische Kraft einer solchen
Kette ändert sich der ganzen Länge des Leiters nach stetig und auf gleiche Strecken
stets um gleich viel; nur da wo seine beiden Enden sich einander berühren, ändert
sie sich plötzlich und zwar vom einen Ende
zum andern um die ganze Spannung.

b) Wenn irgend eine Stelle der Kette durch
welche Ursachen immer veranlafst wird, ihren elektrischen Zustand zu ändern, so ändern zu gleicher Zeit alle übrigen Stellen

der Kette den ihrigen und zwar um dieselbe
Größe.

16) Wir stellen uns nun eine aus zwei
Theilen P und P' zusammengesetzte galvanische
Kette vor, an deren beiden Berührungsstellen
eine verschiedene elektrische Spannung herrscht,
welcher Fall die Thermokette in sich begreift.
Nennen wir u die elektroskopische Kraft des
Theiles P, und u' die des Theiles P', so ist
nach der vorigen Nummer, indem hier der dor-
tige Fall sich zweimal wiederholt, in Folge der
Gleichung (c)

$$u = fx + c$$

für den Theil P, und

$$u' = f'x + c'$$

für den Theil P', wo f, c, f', c' beliebige aus
den besondern Umständen unserer Aufgabe her-
zuleitende konstante Größen sind, und jede Gleichung nur so lange gültig ist, als sich die Abscissen auf den Theil, zu welchem die Gleichungen
gehören, beziehen. Legen wir nun den Anfang
der Abscissen an eine der Berührungsstellen in
den Theil P und nehmen die Richtung der Ab-
cissen in diesen Theil P hineinlaufend an; be-

zeichnen wir ferner durch l die Länge des Theiles P und durch l' die des Theiles P'; stellen
endlich u'_2 und u_1 die Werthe von u und u' an
der Berührungsstelle, wo $x = o$ ist, vor und u_2
und u_1' die Werthe von u und u' an der Berührungsstelle, wo $x = l$ ist, so hat man

$$u'_2 = f' (l + l') + c' \qquad u_1 = c$$
$$u_2 = fl + c \qquad\qquad u'_1 = f'l + c'.$$

Nennen wir nun a die Spannung, welche an der
Berührungsstelle, wo $x = o$ ist, Statt findet, und
a' die, welche der Berührungsstelle, wo $x = l$ ist
angehört, und setzen wir ein für allemal der
Gleichförmigkeit halber fest, daſs die Spannung
an jeder einzelnen Berührungsstelle immer den
Werth ausdrückt, welchen man erhält, wenn
man von der elektroskopischen Kraft desjenigen
zu der fraglichen Stelle gehörigen Endes, auf
welches die Abscisse, bevor der Sprung geschieht,
zuerst stöſst, die elektroskopische Kraft des andern Endes abzieht — (es ist nicht schwer, einzusehen, daſs in dieser allgemeinen Regel die in der
vorigen Nummer aufgestellte enthalten ist, und
daſs sie im Grunde nichts anders ausspricht, als
daſs die Spannungen solcher Berührungsstellen

als positive anzusehen seien, bei deren Ueber-
springung in der Richtung der Abscissen man
von der größern auf die kleinere elektroskopische Kraft stößt, im umgekehrten Falle als negative, wobei jedoch nicht zu übersehen ist, daß
jede positive Kraft größer als jede negative und
die negativ größere als die wirklich kleinere zu
nehmen sei), so erhält man

$$a = f'(l + l) + c' - c$$

und

$$a' = fl - f'l + c - c',$$

woraus sich sogleich ergibt

$$a + a' = fl + f'l'.$$

Nun findet aber an jeder der Berührungs-
stellen, wenn $\varkappa$ und ω das Leitungsvermögen und
den Querschnitt des Theiles P und $\varkappa'$ und ω'
dasselbe für den Theil P' vorstellen, den in
No. **13.** entwickelten Betrachtungen gemäß, die
Bedingungsgleichung

$$\varkappa\,\omega\left(\frac{du}{dx}\right) = \varkappa'\,\omega'.\left(\frac{du'}{dx}\right)$$

Statt, wo $\left(\dfrac{du}{dx}\right)$ und $\left(\dfrac{du'}{dx}\right)$ die an der Be-

rührungstelle vorhandenen Werthe von $\dfrac{du}{dx}$ und

$\dfrac{du'}{d\,v}$ bezeichnen. Aus den im Anfange dieser Nummer zur Bestimmung der elektroskopischen Kraft in jedem einzelnen Theile der Kette aufgestellten Gleichungen erhält man aber für jeden zu gestattenden Werth von x

$$\frac{du}{d\,v} = f \quad \text{und} \quad \frac{du'}{dx} = f',$$

wonach sich vorliegende Bedingungsgleichung in folgende verwandelt

$$\varkappa\,\omega\,f = \varkappa'\,\omega'\,f'.$$

Aus dieser und der eben aus den Spannungen hergeleiteten Gleichung $a + a' = f\,l + f'\,l'$ findet man nun die Werthe f und f' so:

$$f = \frac{(a+a')\,\varkappa'\,\omega'}{\varkappa'\,\omega'\,l + \varkappa\,\omega\,l'}$$

$$f' = \frac{(a+a')\,\varkappa\,\omega}{\varkappa'\,\omega'\,l + \varkappa\,\omega\,l'}$$

und mit Hülfe dieser Werthe findet man:

$$c' = c - a' + \frac{(a+a')\,(\varkappa'\,\omega'\,l - \varkappa\,\omega\,l)}{\varkappa'\,\omega'\,l + \varkappa\,\omega\,l'}.$$

Hieraus nun folgt zur Bestimmung der elektroskopischen Kraft der Kette in dem Theile P die Gleichung

$$u = \frac{(a + a')\,\varkappa'\,\omega'\,x}{\varkappa'\,\omega'\,l + \varkappa\,\omega\,l'} + c$$

und in dem Theile P' die Gleichung

$$u' = \frac{(a + a')\,(\varkappa\,\omega\,x - \varkappa\,\omega\,l + \varkappa'\,\omega'\,l)}{\varkappa'\,\omega'\,l + \varkappa\,\omega\,l'} - a' + c.$$

Setzt man λ und λ' statt $\dfrac{l}{\varkappa\,\omega}$ und $\dfrac{l'}{\varkappa'\,\omega'}$, so kann man diesen Gleichungen folgende einfachere Gestalt geben:

$$\left.\begin{aligned}
u &= \frac{a + a'}{\lambda + \lambda'} \cdot \frac{x}{\varkappa\,\omega} + c \\
u_{,} &= \frac{a + a'}{\lambda + \lambda'} \left(\frac{x - l}{\varkappa'\,\omega'} + \frac{l}{\varkappa\,\omega} \right) - a' + c
\end{aligned}\right\} (L).$$

Aus der Form dieser Gleichungen läfst sich sogleich einsehen, dafs, wenn die Leitungsfähigkeit oder die Gröfse des Querschnittes in beiden Theilen dieselbe ist, dadurch die Ausdrücke für u und u' keine andere Aenderung erleiden, als dafs der Buchstab, welcher die Leitungsfähigkeit oder den Querschnitt vorstellt, ganz verschwindet.

17) Wir wollen nun noch eine galvanische Kette betrachten, welche aus **3** verschiedenen Theilen P, P' und P'', zusammengesetzt ist, welcher Fall die Hydrokette in sich enthält.

Bezeichnen wir durch u, u', u'' respektive

die elektroskopischen Kräfte der Theile P, P', P'', so ist nach No. 15., indem der dortige Fall hier sich dreimal wiederholt, in Folge der daselbst gefundenen Gleichung (c) in Bezug auf den Theil P

$$u = fx + c$$

in Bezug auf den Theil P'

$$u' = f'x + c'$$

und in Bezug auf den Theil P''

$$u'' = f''x + c'',$$

wo f, f', f'', c, c', c'' beliebige aus der Natur unserer Aufgabe noch zu bestimmende konstante Gröfsen vorstellen, und jede Gleichung nur so lange Bedeutung hat, als sich die Abscissen auf den Theil, zu welchem die Gleichungen gehören, beziehen. Legen wir nun den Anfang der Abscissen in dasjenige Ende des Theiles P, welches mit dem Theile P'' zusammen hängt, und wählen die Richtung der Abscissen so, dafs sie aus dem Theile P in den Theil P' und von da in den Theil P'' führen; bezeichnen wir ferner respektive durch l, l', l'' die Längen der Theile P, P', P''; stellen endlich u''_2 und u_1 die Werthe von u'' und u an der Berührungsstelle, wo

$x = o$ ist, vor, u_2 und u' die Werthe von u und u' an der Berührungsstelle, wo $x = l$ ist, und u'_2 und u''_1 die Werthe von u' und u'' an der Berührungsstelle, wo $x = l + l'$ ist so hat man

$$u''_2 = f''(l+l'+l'') + c'' \qquad u_1 = c$$
$$u_2 = fl + c \qquad u'_1 = f'l + c'$$
$$u'_2 = f'(l+l') + c' \qquad u''_1 = f''(l+l') + c''.$$

Nennen wir nun a die Spannung, welche an der Berührungsstelle, wo $x = o$ ist, Statt findet, a' die Spannung an der Berührungsstelle, wo $x = l$ ist, und a'' die Spannung an der Berührungsstelle, wo $x = l + l'$ ist, so erhalten wir, wenn wir die in voriger Nummer aufgestellte allgemeine Regel gehörig beobachten,

$$a = f''(l+l'+l'') + c'' - c$$
$$a' = fl - f'l' + c - c'$$
$$a'' = f'(l+l') - f''(l+l') + c' - c''$$

und hieraus

$$a + a' + a'' = fl + f'l' + f''l''.$$

Nun findet aber, wenn $\varkappa$ und ω das Leitungsvermögen und den Querschnitt für den Theil P, $\varkappa'$ und ω' dasselbe für den Theil P' und $\varkappa''$ und ω'' für den Theil P'' vorstellen, an den einzelnen Berührungsstellen, in Folge der in

No. **13**. entwickelten Betrachtungen, nachstehende Bedingungsgleichungen Statt:

$$\varkappa \,\omega \left(\frac{du}{dx}\right) = \varkappa' \,\omega' \left(\frac{du'}{dx}\right) = \varkappa'' \,\omega'' \left(\frac{du''}{dx}\right),$$

wo $\left(\frac{du}{dx}\right)$, $\left(\frac{du'}{dx}\right)$, $\left(\frac{du''}{dx}\right)$ die besondern

Werthe von $\frac{du}{dx}, \frac{du}{dx}, \frac{du''}{dx}$ vorstellen, welche

den Berührungsstellen angehören. Aus den im Anfange dieser Nummer zur Bestimmung der elektroskopischen Kraft in den einzelnen Theilen der Kette aufgestellten Gleichungen erhält man aber für jeden zu gestattenden Werth von x

$$\frac{du}{dx} = f, \qquad \frac{du'}{dx} = f', \qquad \frac{du''}{dx} = f',$$

wonach sich vorstehende Bedingungsgleichungen in nachfolgende verwandeln:

$$\varkappa \,\omega\, f = \varkappa'\omega'f' = \varkappa''\omega''f''.$$

Aus diesen und der eben aus den Spannungen hergeleiteten Gleichung zwischen f, f' uud f'' findet man nun, wenn man λ, λ', λ'' für $\frac{l}{\varkappa\,\omega}$, $\frac{l'}{\varkappa'\omega'}$, $\frac{l''}{\varkappa''\omega''}$ beziehlich setzt,

$$f = \frac{a + a' + a''}{\lambda + \lambda' + \lambda''} \cdot \frac{1}{\varkappa\omega}$$

K

$$f' = \frac{a+a'+a''}{\lambda+\lambda'+\lambda''} \cdot \frac{1}{\varkappa'\omega'}$$

$$f'' = \frac{a+a'+a''}{\lambda+\lambda'+\lambda''} \cdot \frac{1}{\varkappa''\omega''}$$

und mit Zuziehung dieser Werthe findet man ferner:

$$c' = \frac{a+a'+a''}{\lambda+\lambda'+\lambda''}\left(\frac{l}{\varkappa\omega} - \frac{l}{\varkappa'\omega'}\right) - a' + c$$

$$c'' = \frac{a+a'+a''}{\lambda+\lambda'+\lambda''} \cdot \left(\frac{l}{\varkappa'\omega'}-\frac{l+l}{\varkappa''\omega''}+\frac{l}{\varkappa\omega}\right)-(a'+a'')+c.$$

Durch Substitution dieser Werthe erhält man zur Bestimmung der elektroskopischen Kraft der Kette in den Theilen P, P', P'' beziehlich folgende Gleichungen:

$$\left.\begin{array}{l} u = \dfrac{a+a'+a''}{\lambda+\lambda'+\lambda''} \cdot \dfrac{x}{\varkappa\omega} + c \\[2ex] u' = \dfrac{a+a'+a''}{\lambda'+\lambda'+\lambda''} \cdot \left(\dfrac{x-l}{\varkappa'\omega'}+\dfrac{l}{\varkappa\omega}\right) - a' + c \\[2ex] u'' = \dfrac{a+a'+a''}{\lambda+\lambda'+\lambda''} \cdot \left(\dfrac{x-(l+l)}{\varkappa''\omega''}+\dfrac{l}{\varkappa'\omega'}+\dfrac{l}{\varkappa\omega}\right)-(a'+a'')+c \end{array}\right\} (L').$$

und es hält nicht schwer, sich zu überzeugen, daſs dieselben Gleichungen mit Weglassung des Buchstabens $\varkappa$ oder ω (sowohl da, wo sie offen stehen, als auch in den Ausdrücken für λ, λ', λ'') die wahren seien, im Falle $\varkappa = \varkappa' = \varkappa''$ oder $\omega = \omega' = \omega''$ ist.

18) Diese wenigen Fälle sind hinreichend,

das Fortschreitungsgesetz der für die elektroskopische Kraft gefundenen Formeln zu erkennen,
und sie alle in einem einzigen allgemeinen Ausdrucke zusammen zu fassen. Um dieses mit der
zur leichtern Uebersicht erforderlichen Kürze thun
zu können, wollen wir den Quotienten, gebildet
aus der Länge irgend eines homogenen Theils
der Kette und aus dem Produkte des ihm angehörigen Leitungsvermögens und Querschnittes, die
reduzirte Länge dieses Theils nennen; und handelt es sich um die ganze Kette, oder einen solchen Theil derselben, der selbst wieder eine Zusammensetzung aus verschiedenen homogenen
Theilen ist, so verstehen wir unter seiner reduzirten Länge die Summe der reduzirten Längen
aller seiner Theile. Nachdem wir dieses vorausgeschickt haben, lassen sich nun alle frühern für
die elektroskopische Kraft gefundenen Ausdrücke,
welche durch die Gleichungen (L) und (L') gegeben werden, in folgendem allgemeinen Satze
zusammen fassen, der gültig ist, die Kette mag
aus so viel Theilen bestehen, als man nur immer
will.

Die elektroskopische Kraft irgend eines Punk-

tes einer aus beliebig viel Theilen zusammen gesetzten galvanischen Kette wird gefunden, wenn
man die Summe aller ihrer Spannungen mit ihrer reduzirten Länge dividirt, diesen Qnotienten
mit der reduzirten Länge des Theiles der Kette,
den die Abscisse umfaſst, multiplizirt und von
diesem Produkte die Summe aller Spannungen,
welche die Abscisse überspringt, abzieht, endlich
den so erhaltenen Werth um eine konstante anders woher zu bestimmende Gröſse abändert.

Bezeichnen wir also durch *A* die Summe
aller Spannungen der Kette, durch *L* ihre ganze
reduzirte Länge, durch *y* die reduzirte Länge des
Theiles, den die Abscisse durchläuft, und durch
O die Summe aller von der Abscisse übersprungenen Spannungen, endlich durch *u* die elektroskopische Kraft irgend eines Punktes in jedem
beliebigen Theile der Kette, so ist

$$u = \frac{A}{L}\, y - O + c,$$

wo *c* eine noch unbestimmte, aber konstante,
-Gröſse vorstellt.

Dieser so umgestaltete höchst einfache Ausdruck für die elektroskopische Kraft einer jeden

Kette gestattet uns, in der Folge 'Allgemeinheit
und Kürze mit einander zu paaren, zu welchem
Ende wir noch ausserdem y mit dem Namen der
reduzirten Abscisse belegen wollen. Es gewährt
diese Gestalt der Gleichung noch den besondern
Vortheil, dafs sie ohne weiteres auch dann noch
brauchbar bleibt, wenn in irgend einem Theile
der Kette die Spannungen und Leitungsfähigkeiten sich stetig änderten; denn in diesem Falle
hätte man blos statt der Summen die entsprechenden Integrale zu nehmen und deren Grenzen
so zu bestimmen, wie es die Natur des Ausdruckes verlangt.

Da O innerhalb der ganzen Ausdehnung eines und desselben homogenen Theils der Kette
seinen Werth nicht ändert, und y auf gleiche
Strecken dieser Ausdehnung sich stets um gleich
viel ändert, so finden offenbar für jede galvanische Kette folgende bereits an der einfachen
Kette in geringerer Allgemeinheit nachgewiesene
Eigenschaften Statt, worin sich der Hauptcharak-
ter galvanischer Ketten ausspricht:

a) Die elektrische Kraft eines jeden homogenen
   Theils der Kette ändert sich seiner ganzen

Länge nach stetig und auf gleiche Strecken
stets um gleich viel; aber da, wo er aufhört
und ein anderer anfängt, ändert sie sich
plötzlich um die ganze, an der Stelle befindliche Spannung.

b) Wenn irgend eine Stelle der Kette, durch
welche Ursachen immer veranlafst wird, ihren elektrischen Zustand zu ändern, so ändern zu gleicher Zeit alle übrigen Stellen
der Kette den ihrigen, und zwar um dieselbe
Gröfse.

Die Konstante c wird in der Regel dadurch
bestimmt, dafs man die elektroskopische Kraft an
irgend einer Stelle der Kette kennt. Bezeichnet
nämlich u' die elektroskopische Kraft an einer
Stelle der Kette, deren reduzirte Abscisse y' ist,
so ist in Folge der eben aufgestellten allgemeinen
Gleichung

$$u' = \frac{A}{L} y' - O' + c,$$

wo O' die Summe der von der Abscisse y' übersprungenen Spannungen vorstellt. Zieht man
nun diese für eine bestimmte Stelle der Kette
gültige Gleichung von der vorigen, allen Stellen

auf dieselbe Weise zukommenden, Gleichung ab,
so erhält man

$$u - u' = \frac{A}{L} (y - y') - (O - O'),$$

in welcher nun nichts mehr zu bestimmen übrig
bleibt.

Wenn die Kette während ihrer Entstehung
durchaus keiner äußern Ableitung oder Zuleitung
ausgesetzt ist, so ist die Konstante c aus dem
Umstande herzuholen, daß die Summe aller in
der Kette befindlichen Elektrizität null sein muß.
Diese Bestimmung stützt sich auf den Grundsatz,
daß aus einem zuvor indifferenten Zustande
beide Elektrizitäten stets nur zugleich und in gleicher Menge hervorgehen. Um die Art, wie in
einem solchen Falle die Konstante c gefunden
wird, an einem Beispiele zu erläutern, wollen wir
den in No. 16. behandelten Fall hier wieder vornehmen. In dem Theile P jener Kette ist all-
gemein $u = \frac{A}{L} y + c$, wo $y = \frac{x}{\varkappa \omega}$ ist, und

in dem Theile P' hat man stets $u = \frac{A}{L} y - a'$

$+ c$, wo $y = \frac{x - l}{\varkappa' \omega'} + \lambda$ ist. Da nun in dem

Theile P die Größe des Elementes ωdx oder $\kappa\omega^2 dy$, in dem Theile P' aber $\omega' dx$ oder $\kappa'\omega'^2$ dy ist, so erhält man für die in einem Elemente des ersten Theiles enthaltene Elektrizitätsmenge

$$\kappa\omega^2 dy \left(\frac{A}{L} y + c\right)$$

und für die in einem Elemente des zweiten Theils enthaltene Elektrizitätsmenge

$$\kappa'\omega'^2 dy \left(\frac{A}{L} y - a' + c\right).$$

Integrirt man nun den ersten der beiden vorstehenden Ausdrücke von $y = o$ bis $y = \lambda$, so erhält man für die ganze in dem Theile P enthaltene Elektrizitätsmenge

$$\kappa \omega^2 \left[\frac{A}{2L} \lambda^2 + c \lambda\right];$$

eben so erhält man, indem man den zweiten Ausdruck von $y = \lambda$ bis $y = \lambda + \lambda'$ integrirt, für die ganze in dem Theile P' enthaltene Elektrizitätsmenge

$$\kappa' \omega'^2 \left[\frac{A}{2L} (\lambda'^2 + 2 \lambda.\lambda) - a' \lambda' + c \lambda'\right].$$

Die Summe der beiden hier zuletzt gefundenen Elektrizitätsmengen muß aber in Folge des vorhin ausgesprochenen Grundsatzes null sein. So erhält man die zur Bestimmung der Konstante c erforderliche Gleichung, wo nur noch zu bemerken bleibt, dafs λ und λ' die den Theilen P und P' entsprechenden reduzirten Längen sind.

Wir haben bisher stillschweigend immer blos positive Abscissen vorausgesetzt. Es hält aber nicht schwer, sich zu überzeugen, dafs man eben so gut auch negative Abscissen einführen könne. Denn stellt $-y$ eine solche negative reduzirte Abscisse für irgend eine Stelle der Kette vor, so ist $L-y$ die derselben Stelle angehörige positive reduzirte Abscisse, für welche die gefundene allgemeine Gleichung gültig ist; man erhält demnach

$$u = \frac{A}{L}(L-y) - O + c$$

oder

$$u = -\frac{A}{L}y - (O-A) + c.$$

Aber $O-A$ drückt offenbar, wenn man die in No. 16. ausgesprochene allgemeine Regel berücksichtigt, die Summe der von der negativen Abscisse übersprungenen Spannungen aus, woraus erhellet, dafs die Gleichung auch für negative Abscissen noch ganz ihre alte Bedeutung behält.

19) Stellen wir uns vor, daſs einer der Theile, woraus die galvanische Kette zusammen gesetzt ist, ein Nichtleiter der Elektrizität, d. h. ein solcher Körper sei, dessen Leitungsvermögen null ist, so erhält die reduzirte Länge der ganzen Kette einen unendlich grofsen Werth. Macht man es sich nun zum Gesetze, die Abscissen nie in den nichtleitenden Theil hineingehen zu lassen, damit die reduzirte Abscisse y stets einen endlichen Werth behalte, so verwandelt sich die allgemeine Gleichung in diesem Falle in folgende:

$$u = - O + c,$$

welche anzeigt, daſs die elektroskopische Kraft in der ganzen Ausdehnung eines jeden andern homogenen Theils der Kette überall dieselbe ist und nur von einem Theile zum andern um die ganze an ihrer Berührungsstelle herrschende Spannung sich plötzlich ändert.

Um die Konstante c in dieser Gleichung zu bestimmen, wollen wir annehmen, daſs die elektroskopische Kraft an irgend einer Stelle der Kette gegeben ist. Nennen wir diese u' und die Summe der daselbst von der Abscisse übersprungenen Spannungen O', so wird

$$u - u' = -(O - O').$$

Die Differenz der elektroskopischen Kräfte zweier beliebiger Stellen einer offenen, d. h. durch einen Nichtleiter unterbrochenen galvanischen Kette ist also gleich der Summe aller zwischen den beiden Stellen liegenden Spannungen, und dabei ist das Vorzeichen, welches man dieser Summe zu geben hat, schon aus der blofsen Anschauung stets leicht zu bestimmen.

20) Wir wollen noch eine Eigenthümlichkeit der galvanischen Kette erwähnen, die eine besondere Berücksichtigung verdient. Zu diesem Zwecke fassen wir einen von den homogenen Theilen der Kette ausschliefslich ins Auge, und denken uns der Einfachheit halber den Anfang der Abscissen in sein eines Ende gelegt, und die Abscissen nach seinem andern Ende gerichtet vor. Nennen wir seine reduzirte Länge λ und die reduzirte Länge des übrigen Theils der Kette Λ, so ist innerhalb der Länge λ

$$u = \frac{A}{\Lambda + \lambda} \cdot y + c.$$

welcher Gleichung man auch nachstehende Form geben kann:

$$u = \frac{\frac{A\,\lambda}{\Lambda + \lambda}}{\lambda} \cdot y + c;$$

die Strecke λ befindet sich mithin in dem Falle
einer einfachen, homogenen Kette, an deren En-
den die Spannung $\dfrac{A\,\lambda}{\Lambda + \lambda}$ hervortritt. Hat demnach A einen recht fühlbaren Werth, wie er
sich an der voltaischen Säule erzielen läfst, und
nähert sich das Verhältnifs $\dfrac{\lambda}{\Lambda + \lambda}$ der Einheit,
so wird auch die Spannung $\dfrac{A\,\lambda}{\Lambda + \lambda}$ noch sehr
merklich sein; es müssen folglich ihre verschie-
denen Abstufungen in der Ausdehnung der Strecke
λ sich recht gut wahrnehmen lassen. Diese Folgerung ist deshalb von Gewicht, weil sie ein
Mittel an die Hand gibt, das Gesetz der elektrischen Vertheilung auch dann noch an zusammengesetzten Ketten den Sinnen vorzuzeigen, wenn
es an der einfachen Kette, der allzu schwachen
Kräfte halber, nicht mehr geschehen kann. Man
sieht übrigens sogleich ein, dafs bei einerlei
Spannungen diese Erscheinung in desto gröfserer
Stärke sich zeigen wird, je gröfser λ in Vergleich
zu Λ ist.

21) Eine allen galvanischen Ketten eigenthümliche Erscheinung ist der plötzliche Wechsel,
dem man ihre elektroskopische Kraft unaufhörlich
und fast ganz nach Gefallen unterwerfen kann.
Es hat diese Erscheinung ihren Grnnd in den
früher entwickelten Eigenschaften solcher Ketten,
Da nämlich, wie wir gefunden haben, jede Stelle
einer galvanischen Kette dieselben Aenderungen
erleidet, welchen man eine einzige aussetzt, so
bekommt man es in seine Gewalt, der elektroskopischen Kraft irgend einer bestimmten Stelle
bald diesen, bald einen andern Werth zu geben.
Unter diesen Aenderungen sind diejenigen die
merkwürdigsten, welche man durch ableitende
Berührung, d. h. durch Vernichtung der elektroskopischen Kraft bald an dieser, bald an jener
Stelle der Kette hervor zu bringen vermag, deren
Gröfse jedoch in der Gröfse der Spannungen
selber ihre natürlichen Grenzen hat.

Mit diesen Erscheinungen steht eine Klasse
anderer in unmittelbarem Zusammenhange. Nennen wir nämlich r den Raum, über welchen die
elektrische Kraft in einer gegebenen galvanischen
Kette verbreitet ist, u die elektroskopische Kraft

der Kette an einer ihrer Stellen, die mit einem
äufsern Körper M in unmittelbarer Verbindung
steht, und u' die elektroskopische Kraft derselben
Kette an derselben Stelle, wie sie vor der Berührung des Körpers M daselbst vorhanden war.
so ist $u' - u$ offenbar die an dieser Stelle erfolgte Aenderung der elektroskopischen Kraft,
mithin, weil diese Aenderung auch an allen übrigen Stellen der Kette gleichmäfsig vorfällt, r
$(u' - u)$ die Elektrizitätsmenge, welche die
über die ganze Kette ergangene Aenderung in
sich fafst, sonach auch die, welche in den Körper M übergegangen ist. Nehmen wir nun an,
dafs im Stande des Gleichgewichts die elektroskopische Kraft an allen Stellen des Körpers M,
in denen sie sich befindet, überall von gleicher
Stärke ist, und bezeichnen wir durch R den Raum,
über welchen sie sich in dem Körper M verbreitet, so ist dessen elektroskopische Kraft augenscheinlich $\dfrac{r\,(u' - u)}{R}$. Diese Kraft ist aber
im Stande des Gleichgewichts der u gleich, welche
die mit dem Körper M in Berührung gebrachte
Stelle der Kette angenommen hat, wenn an dieser

Berührungsstelle keine neue Spannung eintritt;
es ist also unter dieser Voraussetzung

$$u = \frac{r\,(u' - u)}{R},$$

woraus man findet

$$u = \frac{r\,u'}{r + R}.$$

Es gehet aus dieser Gleichung hervor, dafs die
elektroskopische Kraft in dem Körper M stets
kleiner ausfallen wird, als sie in der berührten
Stelle vor der Berührung war, aber auch, dafs
beide einander um so mehr gleich kommen werden, je gröfser r in Vergleich zu R ist. Wenn
wir R als eine unveränderliche Gröfse ansehen,
so hängt das Verhältnifs der elektroskopischen
Kräfte u und u' zu einander blos von der Gröfse
des Raumes ab, den die Elektrizität in der Kette
einnimmt; man kann daher die elektroskopische
Kraft des Körpers M ihrem gröfsten Werthe
blos dadurch näher bringen, dafs man den Raum
der Kette vermehrt, sei es durch eine Vergröfserung ihrer Dimensionen überhaupt, oder auch
dadurch, dafs man irgendwo an sie fremde Massen anhängt. Von der Natur dieser Massen, wenn

sie nur Leiter der Elektrizität sind, und keine neue
Spannung hervorrufen, hängt, so scheint es, bei dieser Wirkung gar nichts ab, sondern alles nur von
ihrer räumlichen Gröfse. Nehmen die angehäng-
ten Massen einen unendlich grofsen Raum ein,
welcher Fall eintritt, wenn die Kette irgendwo
eine vollkommene Ableitung erhält, so wird die
elektroskopische Kraft in dem Körper M stets
der gleich, welche die von ihm berührte Stelle
der Kette hat.

Um diese Wirkungen mit dem Spiele des
Kondensators in Verbindung zu bringen, haben
wir blos zu erwägen, dafs ein Kondensator, dessen Gröfse R und dessen Verstärkungszahl m ist,
einem gewöhnlichen Leiter von der Gröfse mR
gleich zu setzen ist, jedoch mit dem Unterschiede,
dafs seine elektroskopische Kraft die $m$fache von
der des gewöhnlichen Leiters wird. Nennen wir
daher u die elektroskopische Kraft des Kondensators, welcher mit einer Stelle der Kette, deren
Kraft u' ist, in Verbindung kommt, so erhalten wir

$$u = \frac{m\,r\,u'}{r + m\,R},$$

woraus folgt, dafs der Kondensator die $m$fache

Kraft der berührten Stelle anzeigen werde, wenn
r sehr grofs ist in Vergleich zu $m R$, dafs er aber
schwächend wirkend werde, so wie r gleich oder
kleiner als R ist. An die Kette irgendwo ange-
hängte Massen werden demnach die Anzeigen des
Kondensators ihrem Maximum in dem Maafse
näher führen, als sie selbst gröfser sind, und eine
irgendwo berührte Kette wird an dem Kondensator stets das Maximum der Verstärkung be-
wirken.

Die vorstehenden Bestimmungen setzen voraus, dafs die eine Platte des Kondensators fortwährend ableitend berührt bleibe. Wir wollen
nun noch den Fall betrachten, wo die beiden
Platten eines isolirten Kondensators mit verschiedenen Stellen einer galvanischen Kette in Verbindung gebracht werden. Zunächst ist klar, dafs
die beiden Platten des Kondensators dieselbe
Differenz an freier Elektrizität annehmen werden,
welche die verschiedenen Stellen der Kette, mit
welchen sie in Berührung stehen, in Folge der
eigenthümlichen Natur galvanischer Wirkungen
unbedingt fordern. Stellt mithin d die Differenz
der elektroskopischen Kraft an den beiden Stellen

L

der Kette und u die freie Elektrizität der einen
Kondensatorplatte vor, so ist $u + d$ die freie
Elektrizität der andern Platte, und es kommt nun
alles darauf an, aus den bekannten freien, in den
Kondensatorplatten befindlichen Elektrizitäten die
darin wirklich vorhandenen zu finden. Nennen
wir zu dem Ende A die wirkliche Elektrizitäts-
stärke in der Platte, deren freie Elektrizität $u + d$
ist, so stellt $A - u - d$ den gebundenen Antheil
in derselben Platte vor; eben so drückt $B - u$
den Antheil gebundener Elektrizität in der Platte
aus, deren freie Elektrizität u ist, wenn B die
wirkliche Stärke der Elektrizität in dieser Platte
bezeichnet. Wird nun durch n das Verhältniß
vorgestellt, in welchem die gebundene Elektrizität der einen Kondensatorplatte zur wirklichen
Elektrizität der andern Platte steht, so finden folgende zwei Gleichungen statt

$$A - u - d + n\,B = o$$
$$B - u + n\,A = o\,,$$

aus welchen sich die Werthe A und B, wie
folgt, ergeben, nämlich

$$A = \frac{d + u\,(1 - n)}{1 - n^2}$$

$$B = \frac{u\,(1-n) - n\,d}{1 - n^2}.$$

Aus der Theorie des Kondensators ist aber bekannt, daſs $1-n = \frac{1}{m}$, wenn m die Verstärkungszahl des Kondensators ist; setzt man daher $\frac{1}{m}$ statt $1-n^2$ in die Ausdrücke für A und B und zugleich $1 - \frac{1}{2m}$ statt n, welches erlaubt ist, wenn m, wie gewöhnlich, eine sehr groſse Zahl bedeutet, so erhält man

$$A = md + \tfrac{1}{2}u$$
$$B = -md + \tfrac{1}{2}u + \tfrac{1}{2}d.$$

Wenn folglich m eine sehr groſse Zahl und u nicht bedeutend gröſser als d ist, so kann man ohne merklichen Fehler setzen

$$A = md$$
$$B = -md,$$

worin sich das bekannte Gesetz ausspricht, daſs wenn zwei verschiedene Stellen einer voltaischen Säule mit den beiden Platten des isolirten Kondensators in Verbindung gebracht werden, der Kondensator in jeder Platte dieselbe Ladung annimmt, als wenn die andere Platte und die ihr

entsprechende Stelle der Säule ableitend berührt
worden wären. Zugleich lehren unsere Betrachtungen, daſs dieses Gesetz aufhört wahr zu sein,
wenn u gegen $m\,d$ nicht mehr als verschwindend
angesehen werden kann. Dieser Fall träte ein,
wenn z. B. zwei nahe an dem obern isolirten
Pole einer aus sehr vielen Elementen aufgebauten
voltaischen Säule mit den Kondensatorplatten in
Berührung kämen, während der untere Pol dieser
Säule mit der Erde in ableitender Verbindung
bliebe.

Die bisher gegebenen Bestimmungen über
die Art, wie die galvanische Kette ihre Elektrizität an fremde Körper abtritt, welche zur Aufklärung des Gegenstandes nichts mehr zu wün-
schen übrig zu lassen scheinen, dürften jedoch
zu Untersuchungen von ganz anderer Art und
nicht geringerem Interesse Anlaſs geben. Es ist
nämlich durch theoretische Betrachtungen sowohl,
als auch durch Versuche, welche an dem elektrischen Strome angestellt worden sind, keinem
Zweifel mehr unterworfen, daſs die bewegte Elektrizität in das Innere der Körper dringt, und ihre
Menge sich deshalb nach dem körperlichen Raume

richtet, während es auf der andern Seite eben so
ausgemacht ist, dafs die ruhende Elektrizität an
der Oberfläche der Körper sich sammelt und
ihre Menge deswegen von der Flächengröfse abhängig ist. Hieraus würde aber folgen, dafs, bei
der geschlossenen galvanischen Kette, *r* in den
vorliegenden Formeln den körperlichen Inhalt der
Kette, bei der offenen Kette dagegen, die Gröfse
ihrer Oberfläche auszudrücken hätte, worüber
Versuche, wie es scheint, ohne grofse Schwierig-
keit entscheiden könnten.

22) Bisher haben wir eine Kette vor Augen
gehabt, auf welche die umgebende Luft keinen
Einflufs ausübt und die bereits zu ihrem bleibenden Zustande gekommen ist, und haben diese
mit einer Ausführlichkeit behandelt, die sie darum
verdient, weil an sie die gröfste Fülle und der
höchste Glanz der Erscheinungen sich anschliefsen.
Um jedoch schon hier die übrigen Ketten nicht
ganz leer ausgehen zu lassen, wollen wir das bei
ihnen einzuschlagende Verfahren jedesmal für
den einfachsten Fall kurz andeuten, und so den
bei ihnen zu betretenden Weg, wenn gleich nur
aus der Ferne, doch bestimmt anzeigen.

Wenn man den Einfluſs der Luft auf die galvanische Kette berücksichtigen will, so muſs zu dem Gliede $\varkappa \dfrac{d^2u}{dx^2}$ der Gleichung (a) in No. **11.** noch das Glied $\dfrac{bc}{\omega} u$ genommen werden, dann erhält man für die in einen bleibenden Zustand gekommene Kette, für welche $\dfrac{du}{dt} = o$ ist, die Gleichung

$$o = \varkappa \frac{d^2u}{dx^2} - \frac{bc}{\omega} u,$$

oder, wenn man $\dfrac{bc}{\varkappa\omega} = \beta^2$ setzt,

$$o = \frac{d^2u}{dx^2} - \beta^2 u.$$

Das Integral dieser Gleichung ist

$$u = c \; e^{\beta x} + d \; e^{-\beta x},$$

wo e die Basis der natürlichen Logarithmen und c, d beliebige aus den übrigen Umständen der Aufgabe noch zu bestimmende konstante Gröſsen vorstellen.

Nennt man nun $2l$ die Länge der ganzen Kette und legt den Anfang der Abscissen in die Stelle der Kette, welche von der Erregungsstelle

nach beiden Seiten hin gleich weit absteht; bezeichnet man ferner die an der Erregungsstelle
befindliche Spannung durch a, so erhält man

$$a = (c - d)\, (e^{\beta l} - e^{-\beta l}).$$

Schreibt man jetzt die vorhin gefundene Gleichung so

$$u = (c - d)\, e^{\beta x} + d\, (e^{\beta x} + e^{-\beta x})$$

und setzt statt $c - d$ den eben gefundenen Werth,
so erhält man

$$u = \frac{a \cdot e^{\beta x}}{e^{\beta l} - e^{-\beta l}} + d\, (e^{\beta x} + e^{-\beta x}).$$

Nimmt man nun zur Bestimmung der noch übrigen Konstante an, dafs die Summe der beiden
an der Erregungsstelle befindlichen elektroskopischen Kräfte bekannt und gleich b ist, welcher
Umstand jedesmal Statt findet, wenn die elektroskopische Kraft der Kette an irgend einer ihrer
Stellen gegeben ist, so erhält man

$$b = \frac{a\, (e^{\beta l} + e^{-\beta l})}{e^{\beta l} - e^{-\beta l}} + 2d\, (e^{\beta l} + e^{-\beta l})$$

und nun nach erfolgter Substitution und gehöriger Reduction

$$u = \frac{\tfrac{1}{2}a\,(e^{\beta x} - e^{-\beta x})}{e^{\beta l} - e^{-\beta l}} + \frac{\tfrac{1}{2}b\,(e^{\beta x} + e^{-\beta x})}{e^{\beta l} + e^{-\beta l}},$$

welche für $b = o$, d. h. für eine ganz sich selbst
überlassene Kette übergeht in

$$u = \frac{\tfrac{1}{2}a\,(e^{\beta x} - e^{-\beta x})}{e^{\beta l} - e^{-\beta l}}.$$

Vorstehende Gleichungen, welche für eine, ihrer
ganzen Ausdehnung nach, homogene und prismatische Kette gelten, gehen für $\beta = o$ wieder in
die oben, wo der Einfluſs der Luft auf die Kette
noch auſser Acht gelassen worden ist, unter denselben Umständen gegebenen über. Da $\beta^2 =
\frac{b}{\varkappa} \cdot \frac{c}{\omega}$, so folgt, daſs der Einfluſs der Luft auf
die galvanische Kette um so geringer ausfallen
werde, je geringer das Leitungsvermögen der
Luft in Vergleich zu dem der Kette, und je klei-
ner der Quotient $\frac{c}{\omega}$ ist. Es drückt aber der Quotient $\frac{c}{\omega}$ das Verhältniſs der von der Luft umgebenen Oberfläche einer Scheibe des Leiters zu
dem körperlichen Inhalte derselben Scheibe aus,
und es dürfte daher scheinen, als ob $\frac{c}{\omega}$ stets un-

endlich klein sein müßte. Indessen ist nicht zu
übersehen, daß wir es hier nicht mit mathematischen, sondern mit physikalischen Bestimmungen
zu thun haben, denn strenge genommen stellt c
nicht eine Fläche vor, sondern den Theil einer
Scheibe der Kette, auf welchen die Luft unmittelbaren Einfluß hat, und ω bezeichnet im Grunde
nichts weiter, als den Theil einer Scheibe der
Kette, welcher von der durch die Kette sich fort-
bewegenden Elektrizität durchströmt wird. Im
Allgemeinen ist nun wohl c allerdings unvergleichlich kleiner als ω, aber da, wo der elektrische
Strom nur mit großer Mühe und deswegen nur
sehr langsam sich fortbewegen kann, wie es bei
trocknen Säulen mehr oder weniger der Fall ist,
kann, nach dem was in der vorigen Nummer erinnert worden ist, die Größe c der ω vielleicht
nahe hin gleich werden; denn von dem, was dem
raschen Strome eigen ist, bis zu dem, was dem
vollkommenen Gleichgewichte zukommt, muß doch
wohl ein allmähliger, durch die jedesmaligen Umstände modifizirter Uebergang Statt finden   Es
öffnet sich hier künftigen Untersuchungen ein
weites Feld,

23) In Fällen, wo der bleibende Stand der Kette nicht augenblicklich eintritt, wie es bei trockenen Säulen zu geschehen pflegt, müßte man, um die Veränderungen der Kette bis dahin kennen zu lernen, von der vollständigen Gleichung

$$\gamma \frac{du}{dt} = \varkappa \frac{d^2u}{dx^2} - \frac{bc}{\omega} u \qquad (*)$$

ausgehen, weil hier nicht $\frac{du}{dt} = o$ genommen werden darf, und das Glied $\frac{bc}{\omega} u$ wird in ihr stehen bleiben oder aus ihr entfernt werden müssen, je nachdem man den Einfluß der Luft auf die Kette der Berücksichtigung werth hält oder nicht. Setzen wir wieder, wie in der vorigen Nummer, $\beta^2 = \frac{bc}{\varkappa\omega}$ und außerdem noch $\frac{\varkappa}{\gamma} = \varkappa'$, so verwandelt sich vorstehende Gleichung in folgende

$$\frac{du}{dt} = \varkappa' \left(\frac{d^2u}{dx^2} - \beta^2 u \right)$$

und man wird sogleich gewahr, daß durch die Annahme, $\beta = o$, die Einwirkung der Luft aufgehoben wird.

In vorliegendem Falle stellt u eine Funktion

von x und t vor, die aber, so wie die Zeit t wächst, von t immer weniger abhängig wird und zuletzt in eine blofse Funktion von x übergeht, die den bleibenden Zustand der Kette ausdrückt und deren Natur wir bereits kennen gelernt haben. Bezeichnen wir diese letztere Funktion durch u' und setzen $u = u' + v$, so ist v offenbar eine Funktion von x und t, welche die jedesmalige Abweichung der Kette von ihrem bleibenden Zustande zu erkennen gibt, und deshalb nach Ablauf einer gewissen Zeit gänzlich verschwindet. Setzen wir nun $u' + v$ statt u in die Gleichung (✻) und erwägen, dafs u' unabhängig von t, und von der Beschaffenheit ist, dafs

$$o = \frac{d^2 u'}{dx^2} - \beta^2 u',$$

so bleibt zur Bestimmung der Funktion v die Gleichung

$$\frac{dv}{dt} = \varkappa' \left(\frac{d^2 v}{dx^2} - \beta^2 v \right) \qquad (○)$$

übrig, welche zwar noch dieselbe Form, als die Gleichung (✻), besitzt, aber von ihr darin sich unterscheidet, dafs v eine Funktion von x und t von anderer Natur als u ist, wodurch ihre endliche Bestimmung sehr erleichtert wird.

Das Integral der Gleichung (∋) in der Gestalt, die es zuerst von *Laplace* erhalten hat, ist

$$v = \frac{e^{-\varkappa'\beta^2 t}}{\sqrt{\pi}} \int e^{-y^2} f\left(x + 2y \sqrt{\varkappa't}\right) dy, \quad (♀)$$

wo e die Basis der natürlichen Logarithmen, π das Verhältnifs des Kreisumfanges zum Durchmesser und f eine willkürliche aus der besondern Natur einer jeden Aufgabe zu bestimmende Funktion bezeichnet, während die Grenzen des Integrals von $y = -\infty$ bis $y = +\infty$ genommen werden müssen. Für $t = o$ wird $v = fx$, weil zwischen den angezeigten Grenzen $\int e^{-y^2} dy = \sqrt{\pi}$ ist, woraus folgt, dafs, wenn man die Funktion v in dem besondern Falle aufzufinden wüfste, wo $t = o$ ist, man dadurch auch fx, mithin die willkührliche Funktion f überhaupt kennen lernte. Nun ist allgemein $v = u - u'$, wenn wir aber die Zeit t von dem Augenblicke an zählen, wo durch die Berührung an den beiden Enden der Kette die Spannung eintritt, so hat u, für $t = o$, offenbar nur an diesen Enden bestimmte Werthe, an allen übrigen Stellen der Kette ist $u = o$; demnach ist in der Ausdehnung der Kette, für $t = o$, im Allgemeinen

$v = - u'$, nur an den Enden der Kette ist zu derselben Zeit $v = u - u'$. Denken wir uns daher eine vom ersten Augenblicke der Berührung an gänzlich sich selbst überlassene Kette, so ist an den Enden derselben stets $v = o$, so daſs also im Innern der Kette $v = - u'$, für $t = o$, und an ihren Enden $v = o$ ist. Da nun zufolge unserer frühern Untersuchungen u' für jede Stelle der Kette als bekannt angesehen werden kann, so gilt dies auch von v für $t = o$; wir kennen sonach die Gestalt der willkührlichen Funktion fx, so lange x an Stellen der Kette verweilt.

Indessen fordert das zur Bestimmung von v gegebene Integral die Kenntniſs der Funktion fx für alle positiven und negativen Werthe von x; dadurch werden wir gezwungen, durch Umwandlungen, wie die Untersuchungen über die Verbreitung der Wärme sie uns gelehrt haben, obiger Gleichung eine solche Form zu geben, die nur noch die Kenntniſs der Funktion fx in der Ausdehnung der Kette voraus setzt. Die auf den vorliegenden Fall anwendbare Umformung gibt, wenn $2l$ die Länge der Kette bezeichnet und der Abscissenanfang in ihre Mitte gelegt wird, *)

$$\varphi = \frac{e^{-\varkappa'\beta^2 t}}{l}\left[\sum\left(e^{\frac{-\varkappa'i^2\pi^2 t}{l^2}} \cdot sin.\frac{i\pi x}{l}\int sin.\frac{i\pi y}{l}fy\,dy\right)\right.$$

$$\left.+\sum\left(e^{\frac{-(2i-1)^2\pi^2 t}{4l^2}} cos.\frac{(2i-1)\pi x}{2l}\int cos.\frac{(2i-1)\pi y}{2l}fy\,dy\right)\right],$$

wo die Summen von $i = 1$ bis $i = \infty$ und die Integrale von $y = -l$ bis $y = +l$ genommen werden müssen. Setzt man nun in dieser Gleichung für fx seinen Werth $-u'$, wobei unserer Voraussetzung zur Folge nach der vorigen Nummer, wenn a die Spannung an der Berührungsstelle bezeichnet,

$$u' = \frac{\frac{1}{2}\,a\,(e^{\beta x} - e^{-\beta x})}{e^{\beta l} - e^{-\beta l}}$$

ist, und integrirt hierauf, so erhält man, weil zwischen den angezeigten Grenzen

$$\frac{1}{2}\,a\int sin.\frac{i\pi y}{l} \cdot \frac{e^{\beta y} - e^{-\beta y}}{e^{\beta l} - e^{-\beta l}}\qquad dy =$$

$$-\frac{ai\pi l\,cos.\,i\pi}{i^2\pi^2 + \beta^2 l^2}$$

und

$$\tfrac{1}{2}\, a \int \frac{e^{\beta y} - e^{-\beta y}}{e^{\beta l} - e^{-\beta l}} \cdot \cos. \frac{(2i-1)\pi y}{2l} \quad dy = 0$$

ist, zur Bestimmung von v die Gleichung

$$v = a \cdot e^{-x'\beta^2 t} \sum \left(\frac{i\pi \, sin. \frac{i\pi(l+x)}{l}}{i^2\pi^2 + \beta^2 l^2} \cdot e^{\frac{-x'\pi^2 i^2 t}{l^2}} \right)$$

und endlich, weil $u = u' + v$

$$u = \frac{\tfrac{1}{2} a (e^{\beta x} - e^{-\beta x})}{e^{\beta l} - e^{-\beta l}} + a \cdot e^{-x'\beta^2 t} \times$$

$$\sum \left(\frac{i\pi \, sin. \frac{i\pi(l+x)}{l}}{i^2\pi^2 + \beta^2 l^2} \cdot e^{\frac{-x'\pi^2 i^2 t}{l^2}} \right)$$

welche Gleichung für $\beta = 0$, d. h. wenn der Einfluſs der Luft nicht berücksichtigt werden soll, in

$$u = \frac{a}{2l} x + a \sum \left(\frac{1}{i\pi} \, sin. \frac{i\pi(l+x)}{l} \quad e^{\frac{-x'\pi^2 i^2 t}{l^2}} \right)$$

übergeht. Man sieht leicht ein, daſs der Werth
des zweiten Gliedes auf der rechten Seite in den
zur Bestimmung von u gefundenen Gleichungen
immer kleiner wird, so wie die Zeit wächst, und
daſs er zuletzt ganz verschwindet; dann ist der
bleibende Zustand der Kette eingetreten. Dieser
Zeitpunkt wird, wie man an der Gestalt der Ausdrücke gewahr wird, durch ein verringertes Leitungsvermögen und in noch weit gröſserem Ver-

hältnisse durch eine vermehrte Länge der Kette
in die Ferne gerückt.

Dieser für u gefundene Ausdruck hat jedoch
nur so lange volle Gültigkeit, als die Kette, wie
wir vorausgesetzt haben, durch keine äußere Stö-
rung zu einer Abänderung ihres natürlichen Zustandes veranlaßt wird. Wenn die Kette zu irgend einer Zeit durch irgend eine äußere Veranlassung z. B. durch ableitende Berührung irgend
einer Stelle gezwungen wird, sich einem abgeänderten bleibenden Zustande zu nähern, so sind
Aenderungen an obigem Verfahren anzubringen,
die ich bei einer andern Gelegenheit zu entwickeln
gedenke. Uebrigens bemerke ich, daß in dieser
letzten Gattung von galvanischen Ketten die an
trockenen Säulen und überhaupt an Ketten von
ungewöhnlich großer reduzirter Länge beobachteten besonderen Erscheinungen aufzusuchen sind,
wohin auch die in den Versuchen von *Basse,*
Erman und *Aldini* gebrauchten Ketten von
sehr großer Länge gehören, wenn in ihnen der
Einfluß der größern Länge nicht durch eine
vermehrte Leitungsgüte oder einen vergrößerten
Querschnitt wieder aufgehoben wird.

C) *Erscheinungen des elektrischen Stromes.*

24) Nach dem, was in No. 12. dargethan worden ist, wird die Gröfse des elektrischen Stromes in einem prismatischen Körper für jede Stelle desselben im Allgemeinen durch folgende Gleichung ausgedrückt

$$S = \omega \varkappa \frac{du}{dx},$$

wo S die Gröfse des Stromes und u die elektroskopische Kraft an der Stelle der Kette, deren Abscisse x ist, bezeichnen, und ω den Querschnitt des prismatischen Körpers, $\varkappa$ aber dessen Leitungsvermögen an derselben Stelle vorstellt. Um nun diese Gleichung mit der in No. 18. für jede aus einer beliebigen Anzahl von Theilen zusammengesetzte Kette gefundenen allgemeinen Gleichung in Verbindung zu bringen, schreiben wir sie so:

$$S = \varkappa \omega \frac{du}{dy} \cdot \frac{dy}{dx},$$

und setzen für $\frac{du}{dy}$ den aus jener allgemeinen Gleichung sich ergebenden Werth $\frac{A}{L}$ und für $\frac{dy}{dx}$ den

M

aus derselben Nummer leicht zu entnehmenden
Werth $\frac{1}{\varkappa\omega}$, welche beiden Werthe für jede zwischen zwei Erregungsstellen befindliche Stelle gül-
tig sind, dann erhalten wir ganz einfach

$$S = \frac{A}{L}$$

wo L die ganze reduzirte Länge der Kette und
A die Summe aller ihrer Spannungen bezeichnet.
Mittelst dieser Gleichung erhält man die Gröfse
des elektrischen Stromes einer aus irgend wie viel
prismatischen Theilen zusammen gesetzten galvanischen Kette, die ihren bleibenden Zustand angenommen' hat, von der umgebenden Luft keinen
Einflufs erleidet und deren einzelne Querschnitte
in allen ihren Punkten einerlei elektroskopische
Kraft besitzen, worin gerade die am öftesten vorkommenden Fälle enthalten sind, weswegen wir
dieses Result..t am sorgfältigsten zergliedern werden.

Weil A die Summe aller in der Kette befindlichen Spannungen und L die Summe der
reduzirten Längen aller einzelnen Theile vorstellt,
so ergeben sich zunächst aus der aufgefundenen
Gleichung folgende allgemeine den elektrischen

Strom angehende Eigenschaften der galvanischen
Kette:

I. Der elektrische Strom ist an allen Stellen
einer galvanischen Kette durchaus von gleicher Größe und unabhängig von dem Werthe der Konstante *c*, welche, wie wir gesehen haben, die Stärke der elektroskopischen
Kraft an einer bestimmten Stelle festsetzt.
In der offenen Kette hört aller Strom gänzlich auf, denn in diesem Falle nimmt die
reduzirte Länge *L* einen unendlich großen
Werth an.

II. Die Größe des Stromes in einer galvanischen Kette bleibt ungeändert, wenn die
Summe aller ihrer Spannungen und ihre
ganze reduzirte Länge entweder gar nicht
oder nach einerlei Verhältniß abgeändert
werden; sie steigt aber bei gleicher reduzirter Länge in dem Maaße, als die Summe
der Spannungen zunimmt, und bei gleicher
Summe der Spannungen in dem Maaße, als
die reduzirte Länge der Kette abnimmt.
Aus diesem allgemeinen Gesetze wollen wir
noch folgende besondere herausheben.

1) Eine Verschiedenheit in der Anordnung
und Vertheilung der einzelnen Erregungsstellen durch eine Versetzung der Theile,
woraus die Kette besteht, hat auf die
Größe des Stromes keinen Einfluß, wenn
nur die Summe aller Spannungen dieselbe
bleibt. So z. B. würde in einer der Ordnung nach aus Kupfer, Silber, Blei, Zink
und einer Flüssigkeit gebildeten Kette der
Strom ungeändert bleiben, wenn auch Silber
und Blei ihre Stellen mit einander vertauschten, weil, nach dem an Metallen beobachteten Spannungsgesetze, durch diese Verwechselung zwar die einzelnen Spannungen,
aber nicht ihre Summe, geändert würden.

2) Die Stärke des galvanischen Stromes
bleibt dieselbe, wenn gleich ein Theil der
Kette aus ihr entfernt und ein anderer
prismatischer Leiter an dessen Stelle gesetzt wird, nur müssen beide einerlei reduzirte Länge haben und die Summe der
Spannungen muß in beiden Fällen dieselbe bleiben. Umgekehrt, wenn der Strom
einer Kette durch das Vertauschen eines

Theils derselben mit einem fremden prismatischen Leiter sich nicht ändert, und
man überzeugt sein kann, dafs die Summe
der Spannungen dieselbe geblieben ist, so
sind die reduzirten Längen der beiden mit
einander vertauschten Leiter gleich grofs.

3) Wenn man sich eine galvanische
Kette immer aus gleich vielen Theilen,
von demselben Stoffe und in derselben
Ordnung gebildet, vorstellt, damit die einzelnen Spannungen als unveränderlich angesehen werden können, so wächst der
Strom dieser Kette bei unveränderter
Länge ihrer Theile in demselben Verhältnisse, in welchem die Querschnitte aller
ihrer Theile auf gleiche Weise zunehmen,
und bei unverändertem Querschnitte in
demselben Verhältnisse, in welchem die
Länge aller ihrer Theile gleichmäfsig abnimmt. Wenn die reduzirte Länge eines
Theils der Kette die der übrigen Theile
bei weitem übertrifft, so wird die Gröfse
des Stromes von den Dimensionen dieses
einen Theiles vorzugsweise abhängen und

das hier ausgesprochene Gesetz wird eine viel einfachere Gestalt annehmen, wenn man bei der Vergleichung blos auf diesen einen Theil Rücksicht nimmt.

Die in II. 2. aufgestellte Folgerung bietet ein bequemes Mittel zur Bestimmung des Leitungsvermögens verschiedener Körper dar. Denken wir uns nämlich zwei prismatische Körper, deren Längen l und l', deren Querschnitte beziehlich ω und ω' und deren Leitungsvermögen $\varkappa$ und $\varkappa'$ sein mögen, und besitzen beide Körper die Eigenschaft, den Strom einer galvanischen Kette nicht abzuändern, wenn sie abwechselnd einen Theil derselben ausmachen, und lassen beide die einzelnen Spannungen der Kette ungeändert, so ist

$$\frac{l}{\varkappa\,\omega} = \frac{l'}{\varkappa'\,\omega'},$$

mithin

$$\varkappa : \varkappa' = \frac{l}{\omega} \qquad \frac{l'}{\omega'},$$

es stehen also die Leitungsfähigkeiten beider Körper in geradem Verhältnisse ihrer Längen und im umgekehrten ihrer Querschnitte. Soll

diese Relation zur Bestimmung des Leitungsvermögens der verschiedenen Körper benutzt werden und wählt man zu den Versuchen, was die
gröfsere Genauigkeit ohnediefs schon fordert,
prismatische Körper von demselben Querschnitte,
so geben ihre Längen geradezu ihre relativen
Leitungsfähigkeiten zu erkennen.

25) Wir haben in voriger Nummer die Gröfse des Stromes aus der in No. 18. gegebenen
allgemeinen Gleichung

$$u = \frac{A}{L} y - O + c$$

abgeleitet und gefunden, dafs sie durch den zu y
gehörigen Koeffizienten $\frac{A}{L}$ ausgedrückt wird.

Zur Auffindung des Werthes $\frac{A}{L}$ ist im Allgemeinen die genaue Kenntnifs aller einzelnen Theile
der Kette und ihrer gegenseitigen Spannungen
erforderlich, aber unsere allgemeine Gleichung
zeigt uns ein Mittel an, diesen Werth auch aus
der Beschaffenheit eines jeden einzelnen Theiles
der in Thätigkeit begriffenen Kette zu entnehmen, welches wir nicht umgehen wollen, da es
uns in der Folge gute Dienste leisten wird.

Denkt man sich nämlich in obiger Gleichung y um eine beliebige Gröfse $\triangle y$ vermehrt, und bezeichnet durch $\triangle O$ die entsprechende Aenderung von O, und durch $\triangle u$ die von u, so folgt aus jener Gleichung

$$\triangle u = \frac{A}{L} \triangle O - \triangle O$$

und hieraus findet man

$$\frac{A}{L} = \frac{\triangle u + \triangle O}{\triangle y};$$

man findet also die Gröfse des elektrischen Stromes, wenn man zur Differenz der elektroskopischen Kräfte an irgend zwei Stellen der Kette die Summe aller zwischen diesen Stellen liegenden Spannungen addirt und diese Summe mit der reduzirten Länge des Theils der Kette dividirt, der zwischen denselben Stellen liegt. Befindet sich innerhalb dieses Theils der Kette keine Spannung, so wird $\triangle O = o$ und man erhält

$$\frac{A}{L} = \frac{\triangle u}{\triangle y}$$

26) Die voltaische Säule, welche eine Zusammensetzung aus vielen einander gleichen, einfachern Ketten ist, verdient schon deshalb, weil sich an sie so mannigfaltige Resultate der Ver-

suche anschliefscn, hier noch eine besondere Berücksichtigung.

Stellt A die Summe der Spannungen einer
geschlossenen galvanischen Kette vor und L ihre
reduzirte Länge, so ist, wie wir wissen, die Gröfse
ihres Stromes

$$\frac{A}{L}$$

Denken wir uns nun n solche, der vorigen völlig gleiche, aber offene Ketten, und bringen wir
stets das Ende der einen mit dem Anfange der
folgenden in unmittelbare Verbindung dergestalt,
dafs zwischen je zwei Ketten keine neue Spannung
eintritt und dafs alle vorigen Spannungen nach
wie vor dieselben bleiben, so ist die Gröfse des
Stromes dieser in sich geschlossenen voltaischen
Verbindung offenbar

$$\frac{nA}{nL},$$

also der in der einfachen Kette gleich. Diese
Gleichheit des Stromes findet aber nicht mehr
statt, wenn in beide ein neuer Leiter, den wir
den *Zwischenleiter* nennen wollen, eingeschoben
wird. Bezeichnen wir nämlich die reduzirte

Länge dieses Zwischenleiters durch Λ, so wird, wenn durch ihn keine neue Spannung herbeigeführt wird, die Größe des Stromes in der einfachen Kette

$$\frac{A}{L+\Lambda}$$

und in der aus n solchen Elementen gebildeten voltaischen Zusammensetzung

$$\frac{nA}{nL+\Lambda} \quad \text{oder} \quad \frac{A}{L+\dfrac{\Lambda}{n}},$$

also in der letztern Kette stets größer, als in der erstern, und zwar findet ein allmäliger Uebergang statt von der Gleichheit der Wirkung, die sich zeigt, wenn Λ verschwindet, bis dahin, wo die voltaische Verbindung die Wirkung der einfachen Kette n mal übertrifft, welcher Umstand eintritt, wenn Λ unvergleichlich größer als nL ist. Stellt man sich unter Λ die relative Länge des Körpers vor, auf welchen die Kette durch die Kraft ihres Stromes wirken soll, so folgt aus den eben vorgebrachten Bemerkungen, daß am vortheilhaftesten eine kräftige einfache Kette angewendet wird, wenn Λ sehr klein ist in Ver-

gleich zu L, dagegen die voltaische Säule, wenn
Λ sehr grofs ist in Vergleich zu L.

Wie mufs aber in jedem besondern Falle
ein gegebener galvanischer Apparat zusammengesetzt werden, damit er die gröfste Wirkung hervor bringe? Wir nehmen bei der Lösung dieser
Aufgabe an, dafs man eine bestimmte Flächengröfse z. B. von Kupfer und Zink besitze, aus
der man nach Gefallen ein einziges grofses Plat-
tenpaar, oder auch beliebig viele, jedoch in demselben Verhältnisse kleinere Plattenpaare bilden
kann, und aufserdem noch, dafs die zwischen
den beiden Metallen befindliche Flüssigkeit stets
dieselbe und von derselben Länge sei, welche
letztere Annahme nichts anders sagen will, als
dafs die beiden Metalle, zwischen denen sich die
Flüssigkeit befindet, unter allen Umständen dieselbe Entfernung von einander beibehalten.

Es sei Λ die reduzirte Länge des Körpers,
auf welchen der elektrische Strom wirken soll, L
die reduzirte Länge des Apparates, wenn er zur
einfachen Kette gebildet worden ist, und A sei
dessen Spannung, so ist, wenn er in eine voltaische Verbindung aus x Elementen umgebildet

wird, seine nunmehrige Spannung xA, und die reduzirte Länge eines jeden der jetzigen Elemente xL, demnach die reduzirte Länge aller x Elemente x^2L, folglich die Gröfse der Wirkung in der voltaischen Zusammensetzung aus x Elementen

$$\frac{xA}{x^2L+\Lambda}.$$

Dieser Ausdruck erhält seinen gröfsten Werth $\dfrac{A}{2\sqrt{\Lambda \; L}}$, wenn $x = \sqrt{\dfrac{\Lambda}{L}}$ wird. Man sieht hieraus, dafs der Apparat in Gestalt einer einfachen Kette am vortheilhaftesten ist, so lange Λ nicht gröfser als L ist; dagegen tritt die voltaische Zusammensetzung mit Nutzen ein, wenn Λ gröfser als L ist, und zwar wird sie am besten aus 2 Elementen gebaut, wenn Λ viermal gröfser ist als L, aus 3 Elementen, wenn Λ neunmal gröfser ist als L, und so fort.

27) Der Umstand, dafs die Gröfse des Stromes an allen Stellen der Kette immer·dieselbe bleibt, bietet uns ein Mittel dar, seine Wirkung zu vervielfachen, da, wo er sie nach aufsen hinrichtet, welcher Fall bei dem Einflusse des Stromes auf die Richtung der Magnetnadel sich er-

eignet. Wir wollen der Anschaulichkeit halber festsetzen, dafs zur Prüfung der Wirkung des Stromes auf die Magnetnadel jedesmal ein Theil der Kette zu einem Kreise von bestimmtem Halbmesser umgeformt und in den magnetischen Meridian so gestellt werde, dafs sein Mittelpunkt mit dem Umdrehungspunkte der Nadel zusammen fällt. Mehrere solche aus der Kette völlig auf dieselbe Weise gebildete und von einander geschiedene Windungen werden einzeln genommen, wegen der Gleichheit des Stromes in jeder, gleich starke Wirkungen auf die Magnetnadel hervorbringen; denken wir sie uns daher so neben einander gereiht, dafs sie zwar noch immer durch eine nichtleitende Schicht von einander getrennt bleiben, aber doch so dicht beisammen liegen, dafs die Stellung einer jeden gegen die Magnetnadel als dieselbe angesehen werden kann, so werden sie eine in dem Maafse gröfsere Wirkung auf die Nadel hervorbringen, als ihre Anzahl gröfser wird. Eine solche Vorrichtung wird *Multiplikator* genannt.

Es sei nun A die Summe der Spannungen irgend einer Kette und L ihre reduzirte Länge,

ferner Λ die reduzirte Länge eines zu einem Multiplikator aus n Windungen umgeformten Zwischenleiters, so ist, wenn wir die reduzirte Länge
einer solchen Windung mit λ bezeichnen, $\Lambda =$
$n\lambda$ und nun die Wirkung des Multiplikators auf
die Magnetnadel dem Werthe

$$\frac{n\,A}{L + n\lambda}$$

proportional. Die Wirkung einer solchen Windung der Kette ohne Multiplikator ist aber nach
demselben Maafsstabe

$$\frac{A}{L},$$

wobei wir uns das Stück der Kette, woraus die
Windnng genommen wird, ganz von derselben
Beschaffenheit wie am Multiplikator denken wollen; sonach ist der Unterschied zwischen der
vorigen und dieser Wirkung

$$\frac{nL - (L + n\lambda)}{L + n\lambda} \cdot \frac{A}{L},$$

welcher positiv oder negativ wird, je nachdem
nL gröfser oder kleiner als $L + n\lambda$ ist. Es
wird folglich die Wirkung auf die Magnetnadel
durch den aus n Windungen gebildeten Multiplikator verstärkt oder geschwächt, je nachdem

die $n$fache reduzirte Länge der Kette ohne Zwischenleiter größer oder kleiner ist, als die ganze reduzirte Länge der Kette mit dem Zwischenleiter.

Ist $n\lambda$ unvergleichlich größer als L, so wird die Wirkung des Multiplikators auf die Nadel

$$\frac{A}{\lambda}.$$

Diesem Werthe, welcher die äußerste Grenze der Wirkung durch den Multiplikator anzeigt, dieser mag verstärkend oder schwächend wirken, kommen mehrere merkwürdige Eigenschaften zu, die wir kurz andeuten wollen. Es wird dabei stets vorausgesetzt, daß der Multiplikator aus so vielen Windungen gebildet sei, daß die Größe seiner Wirkung ohne fühlbaren Fehler jenem Grenzwerthe gleich gesetzt werden könne.

Da die Wirkung einer Windung der Kette $\frac{A}{L}$ ist, während die Wirkung des Multiplikators in Verbindung mit derselben Kette $\frac{A}{\lambda}$ ist, so erhellet, daß beide Wirkungen sich zu einander verhalten wie die reduzirten Längen λ und L; kennt man also beide Wirkungen und eine von beiden reduzirten Längen, so läßt sich die andere finden, und eben so läfst sich eine von den beiden Wirkungen aus der andern und den beiden reduzirten Längen angeben.

Da die Grenzwirkung des Multiplikators $\frac{A}{\lambda}$ ist, so wächst sie bei einem unveränderlichen λ in demselben Verhältnisse, als die Summe der Spannungen A in der Kette zunimmt; man kann daher durch die Vergleichung der Grenzwirkungen eines und desselben Multiplikators an verschiedenen Ketten zur Bestimmung ihrer relativen Spannungen gelangen. Zugleich ersieht man, dafs die Grenzwirkung des Multiplikators wächst, wenn mehrere einfache Ketten zu einer voltaischen Verbindung zusammengesetzt werden, und zwar in geradem Verhältnisse der Anzahl aller Elemente. Auf solche Weise kann man in Fällen, wo der Multiplikator in Verbindung mit der einfachen Kette schwächend wirkt, es dahin bringen, dafs er jede beliebige Verstärkung zeigt.

Nennen wir die wirkliche Länge einer Windung des Multiplikators l, sein Leitungsvermögen $\varkappa$ und seinen Querschnitt ω, so ist $\lambda = \frac{l}{\varkappa \omega}$ und deshalb die Grenzwirkung des Multiplikators

$$\varkappa\omega \ \frac{A}{l} \, ,$$

woraus folgt, dafs an einer und derselben Kette
die Grenzwirkungen zweier Multiplikatoren von
gleich grofsen Windungen sich zu einander verhalten, wie die Produkte aus ihrem Leitungsvermögen und ihrem Querschnitte. Diese Grenzwirkungen verhalten sich also bei zwei Multiplikatoren, die in Nichts von einander abweichen,
als dafs sie aus zwei verschiedenen Metallen gebildet sind, wie die Leitungsfähigkeiten dieser
Metalle, und wenn die Multiplikatoren aus gleichen Windungen und aus einerlei Metall bestehen, so verhalten sich ihre Grenzwirkungen wie
ihre Querschnitte.

Allen diesen Bestimmungen liegt jedoch die
Voraussetzung zum Grunde, dafs die Wirkung
eines Theils der Kette auf die Magnetnadel unter
übrigens gleichen Umständen der Gröfse des
Stromes proportional sei. Die Rechtmäfsigkeit
dieser Voraussetzung haben indessen direkte Versuche schon früher an den Tag gelegt.

28) Wir wenden uns nun zur Betrachtung

N

einer mehrfachen zu gleicher Zeit bestehenden
Leitung. Stellt man sich nämlich eine offene
Kette vor, deren getrennte Enden durch mehrere
neben einander fortlaufende Leiter mit einander
verbunden werden, so läfst sich die Frage auf-
werfen, nach welchem Gesetze sich der Strom
in die einzelnen neben einander liegenden Leiter
vertheilen werde. Man könnte bei der Beantwortung dieser Frage wieder unmittelbar von den
in No. 11. bis 13. enthaltenen Betrachtungen
ausgehen, aber einfacher werden wir das Gesuchte
aus der in No. 25. entdeckten Eigenthümlichkeit
galvanischer Ketten herholen, wobei wir der Einfachheit halber voraussetzen, dafs weder durch
das Oeffnen der Kette eine der alten Spannungen aufgehoben, noch durch die in sie hinein
gebrachten Leiter eine neue Spannung eingeführt
werde.

Stellen nämlich λ, λ', λ'' etc. die reduzirten
Längen der mit den Enden der geöffneten Kette
in Verbindung gebrachten Leiter vor, und α den
Unterschied der an den Enden der Kette befind-
lichen elektroskopischen Kräfte, nachdem die
Leiter in sie hinein gebracht worden sind, so wird,

weil nach der Voraussetzung durch die Leiter keine neue Spannung eingeführt wird, derselbe Unterschied auch an den Enden der einzelnen Nebenleiter hervortreten. Da nun nach No. 13. die Gröfse des Stromes in der Kette der Summe aller Ströme in den Nebenleitern gleich sein mufs, so kann man sich die Kette in eben so viel Theile, als Nebenleiter vorhanden sind, gespaltet denken, dann ist nach No. 25. die Gröfse des Stromes in jedem Nebenleiter und in dem ihm entsprechenden Theile der Kette beziehlich

$$\frac{\alpha}{\lambda}, \frac{\alpha}{\lambda'}, \frac{\alpha}{\lambda''}, \text{ etc.},$$

woraus sich zunächst ergibt, dafs die Gröfse des Stromes in jedem Nebenleiter im umgekehrten Verhältnisse zu seiner reduzirten Länge stehe. Denkt man sich nun einen Leiter von solcher Beschaffenheit, dafs er, statt aller Nebenleiter in die Kette gebracht, den Strom derselben in Nichts ändere, so mufs erstlich nach No. 25. α denselben Werth behalten, und, wenn wir durch Λ die reduzirte Länge dieses Leiters bezeichnen, mufs noch aufserdem sein

$$\frac{1}{\Lambda} = \frac{1}{\lambda} + \frac{1}{\lambda'} + \frac{1}{\lambda''} + \text{ etc.}$$

Aus vorstehenden Entwickelungen läfst sich nun der Schlufs ziehen, dafs, wenn A die Summe aller Spannungen und L die ganze reduzirte Länge der Kette ohne Nebenleiter bezeichnet, die Gröfse des Stromes, während die Nebenleiter mit der Kette in Verbindung sind, ausgedrückt werde: in der Kette selber durch

$$\frac{A}{L + \Lambda},$$

in dem Nebenleiter, dessen reduzirte Länge λ ist, durch

$$\frac{A}{L + \Lambda} \, \frac{\Lambda}{\lambda},$$

in dem Nebenleiter, dessen reduzirte Länge λ' ist, durch

$$\frac{A}{L + \Lambda} \, \frac{\Lambda}{\lambda'},$$

in dem Nebenleiter, dessen reduzirte Länge λ'' ist, durch

$$\frac{A}{L + \Lambda} \cdot \frac{\Lambda}{\lambda''},$$

und so fort, wo für Λ sein aus der Gleichung

$$\frac{1}{\Lambda} = \frac{1}{\lambda} + \frac{1}{\lambda'} + \frac{1}{\lambda''} + \text{etc.}$$

entnommener Werth zu setzen ist.

29) Daſs im Vorhergehenden der galvanische Strom an allen Orten der Kette von gleicher Gröſse gefunden worden ist, kam daher,
weil der aus der Gleichung

$$u = \frac{A}{L} y - O + c$$

gezogene Werth von $\frac{du}{dx}$ konstant war. Dieser

Umstand fällt weg, wenn wir von einer der in
No. 22. und 23. gegebenen Gleichungen ausge-

hen. In allen diesen Fällen wird $\frac{du}{dx}$ von x ab-

hängig, welches zu erkennen gibt, daſs die Gröſse
des Stromes an verschiedenen Stellen der Kette
verschieden ist. Wir können hieraus den Schluſs
ziehen, daſs der elektrische Strom nur dann an
allen Orten der Kette von gleicher Stärke ist,
wenn die Kette bereits einen bleibenden Zustand
angenommen hat, und keine fühlbare Einwirkung
der Luft auf sie Statt findet. Diese Eigenthümlichkeit scheint auch am geeignetsten, um durch
die Erfahrung zu ermitteln, ob die Luft auf eine
galvanische Kette einen merklichen Einfluſs ausübe oder nicht, darum wollen wir diesen Fall
noch mit einiger Ausführlichkeit vornehmen.

Da nach No. 12. die Gröfse des elektrischen Stromes durch die Gleichung

$$S = \varkappa\omega \; \frac{du}{dx}$$

gegeben wird, so hat man in jedem besondern Falle nur den Werth von $\frac{du}{dx}$ aus der zur Bestimmung der elektroskopischen Kraft gefundenen Gleichung zu nehmen, und ihn in die vorstehende zu setzen. So ist für eine Kette, welche ihren bleibenden Zustand angenommen hat, auf die aber die umgebende Luft einen fühlbaren Einfluſs ausübt, nach No. 22.

$$u = \tfrac{1}{2}a \cdot \frac{e^{\beta x} - e^{-\beta x}}{e^{\beta l} - e^{-\beta l}} + \tfrac{1}{2}b \frac{e^{\beta x} + e^{-\beta x}}{e^{\beta l} + e^{-\beta l}},$$

wobei a die Spannung an der Erregungsstelle und b die Summe der diesseits und jenseits zunächst an der Erregungsstelle befindlichen elektroskopischen Kräfte vorstellt. Hieraus erhält man

$$S = \varkappa\omega\beta \left(\tfrac{1}{2}a \frac{e^{\beta x} + e^{-\beta x}}{e^{\beta l} - e^{-\beta l}} + \tfrac{1}{2}b \frac{e^{\beta x} - e^{-\beta x}}{e^{\beta l} + e^{-\beta l}} \right)$$

Dieser Ausdruck gibt die Gröfse des Stromes an jeder Stelle der Kette zu erkennen; man kann aber das Gesetz, nach welchem sich die Aenderung des Stromes an verschiedenen Stellen der

Kette richtet, bequemer auf folgende Weise zur Anschauung bringen. Differenzirt man nämlich die Gleichung

$$S = \varkappa\omega \,\frac{du}{dx},$$

so erhält man die Gleichung

$$dS = \varkappa\omega \,\frac{d^2u}{dx^2}\, dx$$

und durch die Multiplication der beiden

$$SdS = \varkappa^2\omega^2 \,\frac{d^2u}{dx^2}\, du .$$

Setzt man nun statt $\dfrac{d^2u}{dx^2}$ seinen Werth $\beta^2 u$, wie man ihn aus der Gleichung $o = \dfrac{d^2u}{dx^2} - \beta^2 u$ erhält, so wird

$$SdS = \varkappa^2\omega^2\beta^2 \, u \, du$$

und hieraus erhält man durch Integration

$$S^2 = c^2 + \varkappa^2\omega^2\beta^2 u^2$$

wo c eine noch zu bestimmende Konstante vorstellt. Bezeichnen wir durch u' den kleinsten absoluten Werth, welchen u im Umfange der Kette einnimmt, und durch S' den entsprechenden Werth von S, und bestimmen dem gemäfs die Konstante c, so erhalten wir

$$S^2 - S'^2 = \varkappa^2 \omega^2 \beta^2 \, (u^2 - u'^2).$$

Aus dieser Gleichung läfst sich nun ohne Mühe ableiten, dafs der Strom einer Kette, auf welche die Luft Einflufs hat, da am schwächsten ist, wo die elektroskopische Kraft, ohne Rücksicht auf das Zeichen, am kleinsten ist, und dafs er an Stellen, die gleiche, aber entgegengesetzte, elektroskopische Kräfte besitzen, von derselben Gröfse ist.

Anhang.

~~~~~~~

Ueber

die chemische Kraft

der galvanischen Kette.

———

Ueber die Quelle und die Art der chemischen
Veränderungen in einer galvanischen Kette,
und über die Natur des davon abhängigen
Wogens ihrer Kraft.

30) In vorliegender Abhandlung haben wir
stets vorausgesetzt, dafs die Körper, welche von
dem elektrischen Strome ergriffen werden, in ihm
unausgesetzt dieselben bleiben; nun aber wollen
wir auf die Einwirkung des Stromes in die ihm
unterworfenen Körper, und auf die daraus mög-
licher Weise hervorgehenden Aenderungen in
ihrer chemischen Beschaffenheit, so wie auf die
durch Rückwirkung veranlafsten Aenderungen des
Stromes selbst Rücksicht nehmen. Wenn, was
wir hier geben, auch den Gegenstand noch bei
weitem nicht erschöpft, so zeigt doch schon unser
erster Versuch, dafs wir auf diesem Wege wichtigen Aufschlüssen über das Verhalten der Elektrizität zu den Körpern entgegen gehen.

Um festen Fuſs zu fassen, kehren wir wieder zu dem zurück, was von No. 1. bis No. 7. gesagt worden ist, und knüpfen an die dortigen Benennungen und Entwickelungen unsere jetzigen Betrachtungen an. Wir denken uns daher zwei Körperelemente, und bezeichnen durch s ihre gegenseitige Entfernung, durch u und u' ihre elektroskopischen Kräfte, die wir in allen Punkten eines und desselben Elementes von gleicher Stärke annehmen, dann ist, wie sich aus Obigem leicht abnehmen läſst, die abstoſsende Kraft zwischen diesen beiden Elementen dem Zeittheilchen dt, dem Produkte uu', und auſserdem noch einer von der Lage, Gröſse und Gestalt der beiden Elemente abhängigen Funktion, die wir mit F' bezeichnen wollen, proportional; man erhält demnach für die abstoſsende Kraft zwischen beiden Elementen den Ausdruck

$$F' u u' dt.$$

Verfahren wir hier wieder auf dieselbe Weise wie in No. 6., und verstehen unter dem *Einwirkungsmomente* x' zwischen zwei Orten das Produkt aus der unter völlig bestimmten Umständen zwischen beiden sich erzeugenden Kraftäuſserung

q' in ihre mittlere Entfernung s', so dafs also

$$\varkappa' = q' \; s',$$

und bestimmen q' in der Art, dafs wir $u = u' = 1$ in dem Ausdrucke $F' \, uu' \, dt$ setzen und die Wirkung auf die Zeiteinheit ausdehnen, so wird

$$\varkappa' = F' s',$$

woraus folgt

$$F' = \frac{\varkappa'}{s'}.$$

Denken wir uns nun, wie schon in No. 11. geschehen ist, die prismatische Kette in lauter gleich grofse, unendlich dünne Scheiben zerlegt, und nennen M', M, $M_{,}$ diejenigen unmittelbar auf einander folgenden, welche zu den Abscissen $x + dx$, x, $x - dx$ gehören, so ist, nach dem, was eben gezeigt worden ist, der Druck, welchen die Scheibe M' auf die Scheibe M ausübt,

$$F' \, uu' \, dt,$$

und wenn wir annehmen, dafs die Lage, Gröfse und Gestalt der Körperelemente in allen Scheiben dieselbe bleibt, so dafs die Funktion F' von einer Scheibe zur andern sich nicht ändert, so ist der Gegendruck, den die Scheibe $M_{,}$ auf die Scheibe M ausübt,

$$F' \, uu, \, dt;$$

der Unterschied dieser beiden Eindrücke, nämlich

$$F' \, u \, (u' - u_{,}) \, dt$$

gibt, sonach die Größe der Kraft zu erkennen, womit die Scheibe M längs der Achse der Kette sich hinzubewegen strebt. Diese Kraft wirkt gegen die Richtung der Abscissen, wenn ihr Werth positiv ist, und in der Richtung der Abscissen, wenn er negativ ist.

Setzen wir für $u' - u_{,}$ seinen aus den in No. **11.** für u' und $u_{,}$ gegebenen Entwickelungen hervorgehenden Werth, so verwandelt sich der eben gefundene Ausdruck in folgenden

$$2 \, F' \, u \, \frac{du}{dx} \, dx \, dt,$$

und nehmen wir statt der von der Natur eines jeden Körpers abhängigen Funktion F' ihren Werth $\frac{\varkappa'}{s'}$, so geht jener Ausdruck, weil das dortige s' hier offenbar dx ist, über in

$$2 \, \varkappa' \, u \, \frac{du}{dx} \, dt,$$

oder wenn wir das, auf die Größe des Querschnittes ω sich beziehende Einwirkungsmoment

$\varkappa'$ auf die Flächeneinheit zurückführen, und zugleich die Wirkung auf die Zeiteinheit ausdehnen, in

$$2\,\varkappa'\,\omega\,u\,\frac{du}{dx},$$

wo das jetzige $\varkappa'$ die Gröfse des auf die Flächeneinheit bezogenen Einwirkungsmomentes bezeichnet. Schreiben wir diesen letzten Ausdruck so:

$$2\,\frac{\varkappa'}{\varkappa}\,\varkappa\,\omega\,u\,\frac{du}{dx},$$

wobei $\varkappa$ das absolute Leitungsvermögen der Kette vorstellt, und setzen wir für $\varkappa\omega\,\dfrac{du}{dx}$, wodurch in-Folge der Gleichung (*b*) (No. 12.) die Gröfse des elektrischen Stromes ausgedrückt wird, das dafür gewählte Zeichen *S*, und *i* für $\dfrac{\varkappa'}{\varkappa}$, so verwandelt er sich in

$$2\,i\,u\,S.$$

Wir sehen hieraus, dafs die Kraft, womit die einzelnen Scheiben in der Kette sich zu bewegen streben, der in ihnen wohnenden elektroskopischen Kraft sowohl, als der Gröfse des Stromes proportional ist, und dafs diese Kraft ihre Richtung an der Stelle der Kette ändert, wo die

Elektrizität aus dem einen in den entgegen gesetzten Zustand übergeht. Und es findet hierbei
der nicht zu übersehende Umstand Statt, daſs
jener Ausdruck noch gültig bleibt, wenn auch
die elektroskopische Kraft u des Elementes M in
dem Augenblicke der Wirkung durch irgend Ursachen in eine beliebige andere, abnormale U
abgeändert wird, während die elektroskopischen
Kräfte der Nachbarelemente dieselben bleiben;
nur muſs dann in dem Ausdrucke $2\,i\,u\,S$ der
Werth U für u gesetzt werden. Uebrigens ist
zu bemerken, daſs der gefundene Ausdruck $2\,i\,u\,S$
sich auf die ganze Ausdehnung des Querschnittes
ω bezieht, welcher dem Theile der Kette angehört, den man gerade vor Augen hat; will man
dieselbe bewegende Kraft der Kette auf die Flächeneinheit zurück führen, so muſs man jenen
Ausdruck noch mit der Gröſse des Querschnittes
ω dividiren.

Ueber das Kausalverhältniſs zwischen dem
Gesetze der elektrischen Anziehungen und Ab-
stoſsungen und dem der Elektrizitätsverbreitung,
oder über die Abhängigkeit der Funktionen $\varkappa$
und $\varkappa'$ von einander, wollen wir jetzt keine weitern

Untersuchungen anstellen, da sich dazu in Kurzem
eine Gelegenheit darbieten wird. Wir begnügen
uns hier mit der Bemerkung, dafs obige Darstellungsweise aus dem Bestreben hervor gegangen
ist, die Gleichheit der Behandlung in der Elek-
trizitäts- und in der Wärmelehre recht anschau-
lich zu machen.

31) Ohne diese Bedingungen zu einer äufsern Ortsveränderung der Theile einer galvanischen Kette weiter zu verfolgen, wenden wir uns
sogleich zu jenen Umwandlungen, welche durch
den elektrischen Strom in der qualitativen Beschaffenheit der Kette, d. h. in der innern Beziehung der Theile zu einander herbei geführt werden, und aus der elektrochemischen Theorie der
Körper ihre Erklärung erhalten. Dieser Theorie
gemäfs müssen wir die zusammengesetzten Körper
als eine Vereinigung von Bestandtheilen ansehen,
die ungleichen elektrischen Werth, oder mit andern Worten, ungleiche elektroskopische Kraft
besitzen. Es unterscheidet sich aber diese in den
Bestandtheilen der Körper ruhende elektroskopische Kraft von der, welche wir bisher betrachtet
haben, darin, dafs sie an das Wesen der Körper-

O

elemente gekettet ist, und von dem einen zum
andern nicht übergehen kann, ohne dafs die ganze
Art des Seins der Körpertheile aufgehoben würde.
Beschränken wir uns daher in nachstehenden Betrachtungen auf den Fall, wo zwar Aenderungen
in dem quantitativen Verhältnisse der Bestandtheile und darum chemische Veränderungen des
aus diesen Bestandtheilen zusammen gesetzten
Körpers eintreten, die Bestandtheile selbst aber
keiner ihre Natur aufhebenden Veränderung ausgesetzt sind, so können wir alle oben von elektrischen Körpern in Beziehung auf ihre gegenseitige
Anziehung oder Abstofsung entwickelten Gesetze
auch hier wieder geltend machen, nur der Uebergang der Elektrizität von einem Elemente zum
andern fällt bei der Betrachtung chemisch differenter Bestandtheile ganz weg. Es tritt hier in
Bezug auf Elektrizität eine Unterscheidung ein,
die der ganz ähnlich ist, welche wir bei der
Wärme dadurch zu bezeichnen pflegen, dafs wir
sie bald gebundene, bald freie Wärme nennen.
Der Kürze wegen werden wir ebenfalls diejenige
elektroskopische Kraft, welche zum Wesen der
Bestandtheile gehört, deren sich die Bestandtheile

daher auch nicht entäufsern können, ohne damit
ihre Art des Seins zugleich aufzugeben, die an
die Körper *gebundene Elektrizität* nennen, und
freie Elektrizität diejenige, welche zum Fortbe-
stehen der Körper in ihrer Besonderheit nicht
erforderlich ist, und die daher einen Uebergang
von dem einen Körpertheile zum andern haben
kann, ohne dafs deshalb die einzelnen Theile gezwungen würden, ihre spezifische Art des Seins
mit einer andern zu vertauschen.

32) Aus diesen in der Elektrochemie aufgestellten Voraussetzungen, in Verbindung mit dem,
was in Nr. 30. über die Art, wie die galvanische
Kette auf Scheiben von verschiedener elektrischer
Beschaffenheit eine verschiedene mechanische Gewalt ausübt, gesagt worden ist, folgt nun sogleich,
dafs, wenn eine zur Kette gehörige Scheibe aus
Bestandtheilen von ungleichem elektrischen Werthe zusammen gesetzt ist, die Nachbarscheiben
auf diese beiden Bestandtheile eine ungleiche anziehende oder abstofsende Wirkung äufsern werden, wodurch in ihnen ein Bestreben, sich von
einander zu entfernen, rege gemacht wird, welches, wenn es ihren Zusammenhang zu überwin-

den im Stande ist, eine wirkliche Trennung der
·Bestandtheile nach sich ziehen muſs. Wir wollen dieses Vermögen der galvanischen Kette, womit sie die Körperelemente in ihre Bestandtheile
zu zerlegen strebt, ihre *zersetzende Kraft* nennen, und darauf ausgehen, die Gröſse dieser Kraft
näher zu bestimmen.

Indem wir zu diesem Behufe alle in No. 30.
eingeführten Bezeichnungen auch hier noch gelten
lassen, denken wir uns auſserdem jede Scheibe
aus zwei Bestandtheilen A und B zusammengesetzt, und bezeichnen durch m und n die gebundenen elektroskopischen Kräfte der Bestandtheile
A und B, wenn die Scheibe M blos mit dem
einen von beiden, unter gänzlichem Ausschlusse
des andern, angefüllt wäre, gleichwie u die in derselben Scheibe vorhandene, über beide Bestandtheile gleichmäſsig verbreitete, freie elektroskopische Kraft vorstellt. Nehmen wir nun zur Vereinfachung der Rechnung an, daſs die beiden
Bestandtheile A und B vor und nach ihrer Vereinigung stets dieselbe Summe der Räume behaupten, und bezeichnen die gebundene, dem jedesmaligen Mischungsverhältnisse entsprechende,

in der Scheibe M enthaltene, von dem Bestandtheile A herrührende, elektroskopische Kraft durch
mz, so drückt n $(1 - z)$ die gebundene, in der
selben Scheibe M vorhandene, von dem Bestandtheile B herrührende, elektroskopische Kraft
aus. — Denn die Intensität der über einen Körper
verbreiteten Kraft nimmt in dem Maafse ab, in
welchem der Raum, den der Körper einnimmt,
gröfser wird, weil durch die vermehrte Entfernung der Körpertheilchen von einander ihre auf
eine bestimmte Ausdehnung bezogene Wirkungs-
summe in demselben Maafse vermindert wird.
Wenn aber zwei Bestandtheile sich zu einem Ge-
mische vereinen, dadurch, dafs sich beide einander wechselseitig durchdringen, so dehnt sich jeder über den ganzen Raum des Gemisches aus;
deshalb nimmt die Intensität der eigenthümlichen
Kraft eines jeden Bestandtheiles durch die Mischung in demselben Verhältnisse ab, in welchem
der Raum des Gemisches gröfser ist, als der Raum,
den jeder Bestandtheil vor der Mischung einnahm.
Bezeichnet mithin z das Verhältnifs des Raumes,
welchen der in der Scheibe M befindliche Bestandtheil A vor der Mischung einnimmt, zu dem

Raume, welchen das Gemisch in der Scheibe M ausfüllt, und also, weil wir annehmen, daſs beide Bestandtheile vor und nach der Mischung dieselbe Summe ihres Rauminhaltes behaupten, $1 - z$ dasselbe Verhältniſs hinsichtlich des Bestandtheiles B, so stellen, weil m und n die elektroskopischen Kräfte der Bestandtheile A und B vor der Mischung bezeichnen, mz und n $(1 - z)$ die gebundenen elektroskopischen Kräfte der Bestandtheile A und B vor, welche dem jedesmaligen Mischungsverhältnisse der Scheibe M entsprechen, und zugleich geht aus dem Gesagten hervor, daſs die veränderlichen Werthe z und $1 - z$ die Grenzen o und 1 nicht überschreiten können.

Um den, einem jeden Bestandtheile zukommenden, Antheil von der freien Elektrizität u ermitteln zu können, wollen wir annehmen, daſs sich diese über die einzelnen Bestandtheile im Verhältnisse ihrer Massen verbreite. Bezeichnet man daher beziehlich durch α und β die Massen der Bestandtheile A und B, wenn jeder für sich, mit Ausschluſs des andern, die ganze Scheibe erfüllte, so stellen αz und β $(1 - z)$ die Massen der in der Scecheib M vereinigten Bestandtheile

A und B vor; es kommen folglich den Bestandtheilen A und B von der freien Elektrizität u die
Antheile

$$\frac{\alpha\, u\, z}{\alpha\, z + \beta\,(1-z)} \quad \text{und} \quad \frac{\beta\, u\,(1-z)}{\alpha\, z + \beta\,(1-z)}$$

zu, wofür wir der Kürze wegen

$$\alpha\, U\, z \quad \text{und} \quad \beta\, U\,(1-z)$$

schreiben wollen.

Zieht man nun das, was in Nr. 30. über die
bewegende Kraft der galvanischen Kette gesagt
worden ist, in Erwägung, so ergibt sich sogleich,
daſs das Bestreben des Bestandtheiles A zur Bewegung längs der Kette ausgedrückt wird durch

$$2i\,(m + \alpha\, U)\, z\, S,$$

oder das des Bestandtheiles B durch

$$2i\,(n + \beta\, U)\,(1-z)\, S.$$

In beiden Fällen gibt ein positiver Werth des
Ausdruckes zu erkennen, daſs der Druck gegen
die Richtung der Abscissen geschieht; ein negativer Werth dagegen zeigt an, daſs der Druck in
der Richtung der Abscissen ausgeübt wird. Um
aus diesen einzelnen Bestrebungen der Bestandtheile die Kraft abzuleiten, mit der beide bemüht
sind, sich von einander loszureisen, müssen wir

bedenken, dafs diese Kraft durch den doppelten
Unterschied zwischen den Bewegungsgröfsen, die
jeder Bestandtheil für sich annähme, wenn er mit
dem andern durch gar keinen Zusammenhang
verknüpft wäre, und jenen Bewegungsgröfsen, die
jeder Bestandtheil annehmen müfste, wenn er mit
dem andern fest verbunden wäre, gegeben wird.
Auf solche Weise findet man nun ohne Mühe
für die zersetzende Kraft der Kette folgenden
Ausdruck:

$$4i \cdot z \,(1-z). \ \frac{m\beta - n\alpha}{\alpha z + \beta\,(1-z)} \cdot S,$$

durch welchen wir erfahren, dafs die zersetzende
Kraft der Kette dem elektrischen Strome und
aufserdem einem von der chemischen Beschaffenheit einer jeden Stelle der Kette abhängigen Koeffizienten proportional ist.

Erhält dieser Ausdruck einen positiven Werth,
so zeigt diefs an, dafs die Losreisung des Bestandtheiles A gegen die Richtung der Abscissen,
die des Bestandtheiles B in der Richtung der
Abscissen erfolge; erhält aber jener Ausdruck einen negativen Werth, so gibt diefs eine Losreisung im enteggen gesetzten Sinne zu erkennen.

Uebrigens nimmt man auf den ersten Blick wahr, daſs die zersetzende Kraft der Kette stets durch den absoluten Werth des Ausdruckes bestimmt wird.

Ist $\alpha = \beta$, so verwandelt sich die zersetzende Kraft der Kette in

$$4\,i\,.\,z\,(1-z)\,(m-n)\quad S.$$

Ist $m\,z + n\,(1-z) = o$, d. h., sind die, in den vereinigten Bestandtheilen herrschenden, gebundenen elektroskopischen Kräfte gleich und entgegen gesetzt, oder, was dasselbe sagen will, ist der in der Scheibe M befindliche Körper vollkommen neutral, in welchem Falle m und n stets entgegengesetzte Werthe haben, so erhält man für die zersetzende Kraft der Kette folgenden Ausdruck:

$$4\,i\,.\,\frac{m\,n}{n-m}\,.\,S.$$

Die Form des für die zersetzende Kraft der Kette gefundenen allgemeinen Ausdruckes gibt zu erkennen, daſs diese Kraft verschwindet: Erstens, wenn $S = o$, d. h., wenn kein elektrischer Strom vorhanden ist; zweitens, wenn $z = o$ oder $z = 1$, d. h., wenn der zu zersetzende Körper nicht zusammen gesetzt ist; drittens, wenn $m\,3 - n\,\iota = o$ ist, d. h., wenn die Dichtigkeiten der Bestandtheile den in ihnen liegenden, gebundenen elektroskopischen Kräften proportional sind, welcher Umstand bei Bestandtheilen von entgegengesetzter elektrischer Beschaffenheit nie eintreten kann.

Alle hier für die zersetzende Kraft der Kette gegebenen Ausdrücke erstrecken sich über den ganzen, zur betreffenden Stelle gehörigen, Querschnitt; will man den Werth der zersetzenden Kraft auf die Flächeneinheit zurückführen, so muſs man jenen Ausdruck noch mit der Gröſse des Querschnittes dividiren, wie in No. 30. an einem ähnlichen Beispiele schon erinnert worden ist.

33) Ist diese zersetzende Kraft der Kette im Stande, den durch ihren elektrischen Gegensatz bedingten Zusammenhang der in der Scheibe liegenden Bestandtheile zu überwinden; so hat diefs nothwendig eine Veränderung in dem Mischungsverhältnisse der Bestandtheile zur Folge. Eine solche Aenderung in der physischen Konstitution der Kette muſs aber zugleich auf den elektrischenStro m selbst rückwirkend sein · und

in ihm Veränderungen hervor rufen, deren nähere Kenntnifs wünschenswerth ist, weshalb wir,
dahin zu gelangen, die Mühe nicht scheuen wollen.

Wir denken uns zu dem Ende auf eine
Strecke der galvanischen Kette einen flüssigen
homogenen Körper, in welchem eine solche Zersetzung wirklich vor sich gehet, so werden auf
allen Punkten dieser Strecke die Elemente der
einen Art mit gröfserer Kraft nach der einen
Seite der Kette sich hinzubewegen streben, als
die der andern Art, und weil wir voraussetzen,
dafs durch die wirkenden Kräfte der Zusammenhang beider Bestandtheile überwunden wird, so
folgt, wenn wir auf die Natur flüssiger Körper
gehörig Rücksicht nehmen, dafs die einen Bestandtheile sich in der That nach der einen, die
andern Bestandtheile hingegen nach der andern
Seite der Strecke hinziehen müssen, wodurch
nothwendig auf der einen Seite ein Uebergewicht
vom Bestandtheile der einen Art, auf der andern
Seite hingegen ein Uebergewicht vom Bestandtheile der andern Art hervorgebracht wird. So
wie aber ein Bestandtheil auf der einen Seite irgend einer Scheibe überwiegend ist, wird er sich

durch sein Uebergewicht der Bewegung des gleichen Bestandtheiles in der Scheibe nach seiner
Seite hin, in Folge der zwischen beiden Statt
findenden repulsiven Kraft, widersetzen; daher
hat die zersetzende Kraft jetzt nicht nur den Zusammenhang zwischen beiden Bestandtheilen in
der Scheibe zu überwinden, sondern aufserdem
auch noch die gegenwirkende Kraft in den Nachbarscheiben. Nun können zwei Fälle eintreten,
entweder überwiegt die zersetzende Kraft des elektrischen Stromes fortwährend alle sich ihr ent-
gegensetzenden Kräfte, und dann endigt sich die
Wirkung offenbar mit einer gänzlichen Trennung
der Bestandtheile, wobei die ganze Masse des
einen sich nach dem einen Ende der Strecke hin-
zieht, und die ganze Masse des andern Bestandtheiles wird nach dem andern Ende dieser Strecke
hingedrängt; oder es findet zwischen den wirkenden Kräften ein solches Verhältnifs Statt, dafs
die der Trennung widerstehenden Kräfte zu irgend einer Zeit der zersetzenden Kraft das Gleichgewicht halten, dann wird von dieser Zeit an
keine fernere Zerlegung mehr Statt finden, und
die Strecke wird sich in einem merkwürdigen Zu-

stande einer besondern Vertheilung der beiden
Bestandtheile befinden, dessen Natur wir nun
erforschen wollen. Nennen wir Z die zersetzende
Kraft des Stromes an irgend einer Scheibe der
in der Zersetzung begriffenen Strecke, Y die
Gröfse der Gegenwirkung, womit die Nachbarscheiben der Zersetzung durch den elektrischen
Strom widerstehen, und X die Gröfse des Zusammenhangs der beiden Bestandtheile in derselben Scheibe, so wird offenbar der Zustand
einer bleibenden Vertheilung innerhalb der vorgestellten Strecke bestimmt werden durch die
Gleichung

$$X + Y = Z,$$

und es ist aus der vorigen Nummer schon bekannt, dafs

$$Z = 4i\,z\,(1-z)\,\frac{m\beta - n\alpha}{\alpha z + \beta\,(1-z)}\quad S;$$

oder wenn wir $\varkappa\omega\,\dfrac{du}{dx}$ für S setzen

$$Z = 4\varkappa\omega\,\frac{du}{dx}\quad iz\,(1-z)\,\frac{m\beta - n\varkappa}{\alpha z + \beta\,(1-z)}.$$

Ehe wir weiter vorwärts schreiten, fügen
wir zu dem eben Gesagten noch folgende Bemerkungen hinzu. An den Grenzen der in Rede

stehenden Strecke stellen wir uns die Kette so
beschaffen vor, dafs daselbst jeder ferneren Bewegung unübersteigliche Hindernisse in den Weg
treten; denn es läfst sich sogleich einsehen, dafs
aufserdem die äufsersten Schichten beider Bestandtheile — die, wie in die Augen fällt, von
selbst nie ins Gleichgewicht kommen können —
die Strecke, in welcher wir sie uns bisher immer
vorgestellt haben, verlassen, und entweder an die
nächsten Theile der Kette übergehen, oder aus
irgend andern Gründen von der Kette sich ganz
und gar absondern müfsten. Die zuletzt erwähnten Modifikationen der Erscheinung werden wir
hier nicht weiter verfolgen, obgleich sie in der
Natur häufig angetroffen werden, wie die Was-
serzersetzung, die Oxydation oder Säuerung der
Metalle auf der einen Seite, und eine bisher weniger beobachtete, aber durch *Pohl's* merkwürdige Versuche, über die von ihm sogenannte
Reaktion der Metalle, in ihrem ganzen Umfange
aufser allen Zweifel gesetzte, auf der andern
Seite der Strecke an den Metallen vorfallende,
chemische Aenderungen von entgegengesetzter Art
hinlänglich darthun. Uebrigens wollen wir noch

auf einen Unterschied aufmerksam machen, der zwischen der oben untersuchten Elektrizitätsverbreitung und der jetzt betrachteten Molekularbewegung Statt findet. Wenn nämlich dieselben Kräfte, welche vorhin die Leitung der Elektrizität bewirkten, und dort, gleichsam ohne Leib, ungehindert mit sich selber kämpfen, hier an Massen sich üben, durch die ihre freie Wirksamkeit beschränkt wird — eine Beschränkung, die, wir mögen die Elektrizität an sich für etwas Materielles halten oder nicht, ihre jetzigen Geschwindigkeiten ohne allen Vergleich geringer als die vorigen machen muſs —, so dürfen wir auf keinen Fall erwarten, daſs der bleibende Zustand, den wir jetzt untersuchen, gleich dem oben bei der Elektrizitätsvertheilung wahrgenommenen, augenblicklich eintreten werde; vielmehr haben wir uns darauf zu versehen, daſs der in dem Mischungsverhältnisse beider Bestandtheile erfolgende bleibende Zustand erst nach einer merklichen, obschon längern oder kürzern, Zeit eintreten werde.

Nach diesen Bemerkungen gehen wir nun zur Bestimmung der einzelnen Werthe X und Y über.

34) Um den Werth X zu erhalten, haben
wir blos zu berücksichtigen, dafs die Stärke des
Zusammenhangs durch die Kraft bestimmt·wird,
womit die beiden neben einander gelagerten Bestandtheile vermöge ihres elektrischen Gegensatzes
sich einander anziehen oder abstofsen, und also,
wie in No. 30. dargethan worden ist, dem Produkte aus den, in den Bestandtheilen der Scheibe
M liegenden, gebundenen elektroskopischen Kräften mz und n $(1-z)$ proportional, und aufserdem von einer aus der Gröfse, Gestalt und Entfernung, der verschiedenartigen Körpertheilchen
herzuholenden Function, die wir mit 4φ bezeichnen wollen, abhängig ist. Es ist demnach, wenn
wir den Zusammenhang auf die Gröfse des Querschnittes ω beziehen,

$$X = -4\varphi\, m\, n\, z\, (1-z)\, \omega.$$

Wir haben dem für die Gröfse des Zusammenhangs gefundenen Ausdrucke das Zeichen — vor-
gesetzt, weil eine gegenseitige Anziehung der Bestandtheile nur dann erfolgt, wenn m und n entgegengesetzte Zeichen haben; wenn m und n
einerlei Vorzeichen haben, so äufsern die Bestandtheile eine zurückstofsende Wirkung auf einan-

der, die der zersetzenden Kraft nicht mehr hin-
derlich, sondern förderlich ist. Nach dieser Erinnerung wird man nun auf den ersten Blick
gewahr, daſs der Funktion φ ein positiver oder
negativer Werth beigelegt werden müsse, je
nachdem der für die zersetzende Kraft Z genom-
mene Ausdruck positiv oder negativ ist; daher
springt das Zeichen der Funktion φ in das entgegen gesetzte über, wenn die Richtung der Zersetzung von dem einen Bestandtheil auf den andern verlegt wird. Die Natur der Funktion φ
ist uns so wenig bekannt, als die Gröſse und
Gestalt der Körperelemente, von denen sie abhängig ist; indessen können wir bei unserer Untersuchung ihren absoluten Werth als konstant
ansehen, da die Gröſse und Gestalt der auf einander wirkenden Körpertheilchen als unveränderlich gedacht werden muſs, so lange die beiden
Bestandtheile dieselben bleiben, und zudem dürfte
die Annahme, daſs die beiden Bestandtheile in
jedem Mischungsverhältnisse stets dieselbe Summe
der Räume behaupten, eine Berücksichtigung der
gegenseitigen Entfernung der chemisch von einander verschiedenen Körpertheilchen überflüssig

P

machen, weil schon bei der Bestimmung der in
der Scheibe M liegenden elektroskopischen Kräfte
auf die relativen Entfernungen der Elemente eines
jeden Bestandtheiles unter sich Rücksicht genommen worden ist.

35) Um nun die Gröfse der Gegenwirkung
Y zu bestimmen, welche in der Scheibe M der
zersetzenden Kraft durch die gebundene Elektrizität der Nachbarscheiben entgegen gestellt wird,
haben wir nichts weiter zu thun, als in dem Ausdrucke für Z statt u die Summe der in der
Scheibe M gebundenen elektroskopischen Kräfte
zu setzen. Da nun die Summe dieser gebundenen Kräfte $m z + n (1 - z)$ ist, so erhält man
zur Bestimmung der Kraft Y, welche durch die
Mischungsänderung der Bestandtheile hervor gebracht wird und der Zersetzung entgegen wirkt,
nach gehöriger Bestimmung des Vorzeichens folgende Gleichung:

$$Y = 4 \varkappa \omega \frac{dz}{dx} . i (n - m) . z (1 - z) . \frac{m \beta - n \alpha}{\alpha z + \beta (1 - z)}.$$

Setzen wir nun die für x, y und z gefundenen Werthe in die Gleichung

$$X + Y = Z,$$

so erhalten wir, nach Weglassung des gemeinschaftlichen Faktors $4z\,(1-z)$ und geschehener

Multiplikation der Gleichung durch $\dfrac{\alpha\,z+\beta\,(1-z)}{i\,(m\beta-n\,\alpha)}$,

für die Bedingung des bleibenden Zustandes in
dem Mischungsverhältnisse der beiden Bestandtheile nachstehende Gleichung:

$$o = \varkappa\omega\,\frac{du}{dx} + \frac{\varphi\,m\,n}{i\,(m\beta-n\,x)}\times$$

$$.\,[\alpha z + \beta\,(1-z)]\,\omega - \varkappa\omega\,(n-m)\,\frac{dz}{dx},$$

welche, wenn wir

$$\frac{\varphi\,m\,n}{i\,(m\beta-n\,\varkappa)} = \psi = \frac{\varkappa\,\varphi\,m\,n}{\varkappa'\,(m\beta-n\,\alpha)}$$

setzen, übergeht in

$$o = \varkappa\omega\,\frac{du}{dx} + \psi\omega\,[\alpha z + \beta\,(1-z)] -$$

$$- \varkappa\,\omega\,(n-m)\,\frac{dz}{dx}. \qquad (\eth)$$

Diese Gleichung ändert sich nicht, wie auch
die Natur der Sache verlangt, wenn man m, α,
z und n, β, $1-z$ beziehlich mit einander ver-
wechselt, und zugleich das Zeichen von φ in das
entgegengesetzte verwandelt, wie nach der in der
vorigen Nummer beigebrachten Erinnerung ge-

schehen mufs, weil durch diese Verwechselung die
Richtung der Zersetzung von dem einen Bestandtheile auf den andern übergetragen wird.

36) Um nun aus dieser Gleichung die Art
der Vertheilung beider Bestandtheile in der Flüssigkeit, d. h. den Werth von z ableiten zu können, müfsten wir das Leitungsvermögen $\varkappa$ und
die elektroskopische Kraft u an jeder Stelle der
in der Zersetzung begriffenen Strecke kennen, deren Werthe aber selbst wieder von jener Vertheilung abhängig sind. Die Erfahrung läfst uns
über die Aenderung der Leitungsfähigkeit, welche
eintritt, wenn zwei Flüssigkeiten in verschiedenen
Verhältnissen mit einander gemischt werden, sowohl, als über das Gesetz der Spannungen, welches verschiedene aus denselben Bestandtheilen,
aber in abgeändertem Verhältnisse gemischte Flüssigkeiten bei der Berührung befolgen, bis jetzt
noch in Ungewifsheit; denn in Bezug auf das
letztere Gesetz sind, wenn wir nicht irren, noch
gar keine Versuche angestellt, und das Gesetz der
Aenderung in dem Leitungsvermögen einer Flüssigkeit durch Beimischung einer andern ist durch
die hierüber von *Gay Lussac* und *Davy* ge

machten Erfahrungen noch nicht entschieden ausgemacht. Aus diesem Grunde haben wir uns bewogen gefunden, den Mangel an Erfahrung durch
Hypothesen zuzudecken. Wir haben dabei zwar
stets die Natur der fraglichen Wirkung in ihrem
Zusammenhange mit solchen, deren Eigenthümlichkeiten schon bekannter sind, aufzufassen uns
bemüht, aber darum wollen wir die von uns gegebenen Bestimmungen doch für nichts weiter als
für Fiktionen angesehen wissen, die nur so lange
stehen bleiben sollen, bis wir durch die Erfahrung
in den Besitz der wahren Gesetze gekommen sein
werden.

Was nun zunächst die Aenderung in der
Leitungsfähigkeit eines Körpers durch Beimischung
eines andern betrifft, so haben uns dabei folgende
Betrachtungen geleitet. Wir dachten uns zwei
neben einander liegende Theile einer Kette von
einem und demselben Querschnitte ω, deren Längen ϱ und ω und deren Leitungsvermögen a und
b sein mögen, so ist, wenn A die Summe der
Spannungen in der Kette und L die reduzirte
Länge des noch übrigen Theils der Kette be-

zeichnet, die Gröfse ihres Stromes, wie sich aus
den oben gefundenen Formeln ergibt, folgende:

$$\frac{A}{L + \dfrac{v}{a\,\omega} + \dfrac{w}{b\,\omega}}$$

Soll nun ein Leiter von der Länge $v + w$ und
dem Leitungsvermögen $\varkappa$ bei demselben Querschnitte, anstatt der beiden vorigen genommen,
den Strom der Kette ungeändert lassen, so mufs
bekanntlich

$$\frac{v}{a\,\omega} + \frac{w}{b\,\omega} = \frac{v + w}{\varkappa\,\omega}$$

sein, woraus man findet

$$\varkappa = \frac{ab\,(v + w)}{bv + aw}.$$

Nun ist es aber für die Gröfse des Stromes
völlig gleichgültig, ob die ganze Länge v neben
der ganzen Länge w liege, oder ob aus beiden
irgend wie viele Scheiben gebildet werden, die
man in einer beliebigen Ordnung auf einander
folgen läfst, wenn nur die äufsersten Theile von
derselben Art bleiben, weil aufserdem eine Aenderung in der Summe der Spannungen, somit
auch in der Gröfse des Stromes eintreten könnte.
Dehnen wir dieses für jede mechanische Mengung

gültige Gesetz auch auf die chemische Mischung aus, so gibt obiger für $\varkappa$ gefundene Werth offenbar das Leitungsvermögen des Gemisches zu erkennen, wobei jedoch vorausgesetzt worden ist, daſs die beiden Theile der Kette auch nach der Mischung noch dieselbe Summe ihrer Räume einnehmen, denn ϱ und w sind hier augenscheinlich den Ausdehnungsgröfsen der beiden mit einander gemischten Körper proportional.

Wenden wir nun dieses Resultat auf unsern Gegenstand an, und setzen deshalb statt ϱ und w die Werthe z und $1-z$, welche die Raumverhältnisse der beiden Bestandtheile in der Scheibe M ausdrücken, so erhalten wir, wenn a die Leitungsfähigkeit des einen Bestandtheils A und b dasselbe für den Bestandtheil B, ferner $\varkappa$ die Leitungsfähigkeit des in der Scheibe M enthaltenen Gemisches aus beiden bezeichnet, für $\varkappa$ folgenden Ausdruck:

$$\varkappa = \frac{a\,b}{a + (b-a)\,z}.$$

37) Nachdem so das Leitungsvermögen an jeder Stelle der in der Zersetzung begriffenen Strecke bestimmt worden ist, bleibt nur noch die

Natur der Funktion u an jeder solchen Stelle
aufzufinden übrig, und da alle Spannungen und
reduzirten Längen in dem Theile der Kette,
worin keine chemische Aenderung vorfällt, unveränderlich und gegeben sind, so wird in Gemäfsheit der in No. 18. gegebenen, auch in unserm
jetzigen Falle noch gültigen allgemeinen Gleichung zur vollständigen Kenntnifs der Funktion
u nur noch erfordert, dafs man die Spannungen
und reduzirten Längen für jede Stelle innerhalb
der Strecke, worin die chemische Aenderung vorfällt, anzugeben wisse.

Es ist aber offenbar die reduzirte Länge
der Scheibe M

$$\frac{dx}{\varkappa\omega},$$

oder wenn wir für $\varkappa$ seinen eben gefundenen
Werth setzen

$$\frac{a + (b-a)\,z}{a\,b\,\omega}\,dx;$$

wir erhalten demnach die reduzirte Länge eines
beliebigen Theils jener Strecke, wenn wir den
vorstehenden Ausdruck integriren, und die Grenzen des Integrals dem Anfang und dem Ende

des Theiles entsprechend nehmen. Erwägt man
nun, dafs das Integral

$$\int \frac{a + (b-a)\,z}{a\,b\,\omega}\;dx$$

sich auch so schreiben läfst:

$$\frac{l}{b\,\omega} + \frac{b-a}{a\,b\,\omega^2}\int z\,\omega\,dx,$$

wenn l die Länge des Theils vorstellt, über welchen das Integral ausgedehnt werden soll, und
dafs $z\,\omega\,dx$ nichts anders als den Raum ausdrückt,
welchen der Bestandtheil A in der Scheibe M
einnimmt, mithin $\int z\,\omega\,dx$ die Summe aller Räume,
welche der Bestandtheil A in dem Theile erfüllt,
dessen reduzirte Länge gefunden werden soll, so
überzeugt man sich leicht, dafs die reduzirte
Länge der ganzen in der Zersetzung begriffenen
Strecke während der Dauer der chemischen Umwandlung unveränderlich dieselbe bleibe, weil,
wie wir vorausgesetzt haben, jeder Bestandtheil
unter allen Umständen stets dieselbe Summe
seiner Räume behauptet. Dasselbe Resultat läfst
sich auch unmittelbar aus dem, was in voriger
Nummer aufgestellt worden ist, ableiten; es gilt
jedoch diese Unveränderlichkeit nur von der re-

duzirten Länge der *ganzen* Strecke, die reduzirte Länge eines *Theils* derselben ist im Allgemeinen nicht blos von der wirklichen Länge dieses Theils, sondern auch von der jedesmaligen chemischen Vertheilung der Bestandtheile in cer Strecke abhängig, und muſs daher in jedem besondern Falle auf die angezeigte Weise erst aufgefunden werden.

38) Schlieſslich ist nun noch die Aenderung in der Spannung der Kette zu bestimmen übrig, welche durch die chemische Umwandlung der Strecke, von welcher bisher immer die Rede war, veranlaſst wird. Zu dem Ende stellen wir, bis die Erfahrung uns eines Bessern belehrt, den Satz auf, daſs die Gröſse der elektrischen Spannung zwischen zwei Körpern, erstlich der Differenz ihrer gebundenen elektroskopischen Kräfte, und dann einer von der Gröſse, Lage und Gestalt der Körpertheilchen, welche an der Berührungsstelle auf einander einwirken, abhängigen Funktion, die wir den *Koeffizienten der Spannung* nennen werden, proportional sei. Es läſst sich aus dieser Hypothese nicht nur das Gesetz ableiten, welches die Spannungen der Metalle

unter einander beobachten, — wozu nichts weiter erfordert wird, als dafs man zwischen allen unter einerlei Umständen sich befindenden Metallen denselben Koeffizienten der Spannung annimmt, — sondern sie enthält auch einen Erklärungsgrund für die Erscheinung, in Folge welcher die elektrische Spannung nicht blos von dem chemischen Gegensatze der beiden Körper, sondern auch von ihrer relativen Dichtigkeit abhängig ist, und darum sogar schon in verschiedenen Temperaturen verschieden sich zeigen kann. Aus denselben Ursachen, die wir schon in No. 34. bei der Bestimmung des Zusammenhanges, welcher zwischen den beiden Bestandtheilen eines gemischten Körpers Statt findet, aufgeführt haben, werden wir auch hier die uns unbekannte, von der Gröfse, Lage und Gestalt der sich berührenden Körpertheilchen abhängige Funktion in dem Umfange der chemisch veränderlichen Strecke konstant annehmen und mit φ' bezeichnen. Da nun die gebundene elektroskopische Kraft in der Scheibe M, zu welcher die Abscisse x gehört, ausgedrückt wird durch

$$n + (m - n)\, z,$$

und also die in der Scheibe M', zu welcher die Abscisse $x + dx$ gehört, durch

$$n + (m-n)\, z + (m-n)\, dz,$$

so ist die zwischen den Scheiben M und M' sich bildende Spannung

$$- \varphi'\, (m-n)\, dz,$$

folglich die Summe aller, im Umfange der einer chemischen Veränderung ausgesetzten Strecke veranlafsten, Spannungen

$$- \varphi'\, (m-n)\, (z''-z'),$$

wenn z' und z'' diejenigen Werthe von z vorstellen, welche dem Anfange und dem Ende der besprochenen Strecke zugehören.

Es erleidet aber die Spannung der Kette aufser der eben zergliederten dadurch noch eine zweite Abänderung, dafs die Enden der chemisch wandelbaren Strecke, welche mit dem übrigen chemisch unveränderlichen Theile der Kette in Verbindung stehen, während der Zersetzung bis zu ihrem bleibenden Zustande allmählig eine andere Natur annehmen, wodurch an jenen Stellen eine abgeänderte Spannung herbei geführt wird. Nennen wir nämlich ζ den Werth von z, welcher allen Stellen der in Rede stehenden Strecke zu-

kommt, ehe noch die chemische Veränderung in
ihr begonnen hat, und bezeichnen wir den an
den Enden dieser Strecke herrschenden Koeffizienten der Spannung, von dem wir voraussetzen,
dafs er an beiden Enden derselbe sei, mit φ'',
drücken wir ferner durch μ und ν die gebundenen elektroskopischen Kräfte derjenigen Stellen
des chemisch unveränderlichen Theils der Kette
aus, welche an der chemisch wandelbaren Strecke
anliegen; so lassen sich die an diesen Stellen befindlichen Spannungen einzeln angeben. Sie sind
nämlich, ehe noch die chemische Aenderung begonnen hat, folgende:

$$\varphi'' \left[\mu - (n + (m - n)\,\zeta) \right] \text{ und}$$
$$\varphi'' \left[(n + (m - n)\,\zeta) - \nu \right],$$

und nachdem der bleibende Zustand in der Zersetzung eingetreten ist, wenn man, wie eben, z'
und z'' diejenigen Werthe von z sein läfst, welche
in diesem Zustande jenen Stellen angehören, folgende:

$$\varphi'' \left[\mu - (n + (m - n)\,z') \right] \text{ und}$$
$$\varphi'' \left[(n + (m - n)\,z'') - \nu \right]$$

ihre Summe ist demnach in dem einen Falle

$$\varphi'' (\mu - \nu),$$

Q

und im andern Falle

$$\varphi'' (u - v) + \varphi'' (m - n) (z'' - z'),$$

mithin ist der an jenen Stellen eingetretene Zuwachs der Spannung

$$\varphi'' (m - n) (z'' - z').$$

Fügt man diese Aenderung der Spannung zu der eben gefundenen hinzu, so erhält man für den ganzen, durch die Zersetzung bis zum Eintritte des bleibenden Zustandes herbei geführten, Unterschied der Spannung

$$(\varphi'' - \varphi') (m - n) (z'' - z'),$$

welcher, wenn man Φ statt $\varphi'' - \varphi'$ setzt, übergeht in

$$- \Phi (n - m) (z'' - z').$$

Bezeichnet man nun durch S die Gröſse des Stromes und durch A die Summe der Spannungen in der Kette, ehe noch eine chemische Veränderung begonnen hat, durch S' die Gröſse des Stromes, nachdem der bleibende Zustand der chemischen Vertheilung eingetreten ist, endlich durch L die reduzirte Länge der ganzen Kette, welche, wie wir gesehen, unter allen Umständen dieselbe bleibt, so folgt

$$S' = \frac{A - \Phi\,(n-m)\,(z''-z')}{L},$$

oder, wenn man für $\frac{A}{L}$ das diesem Werthe entsprechende Zeichen S schreibt,

$$S' = S - \frac{\Phi\,(n-m)\,(z''-z')}{L},$$

so daſs also $\dfrac{\Phi\,(n-m)\,(z''-z')}{L}$ die durch die

chemische Vertheilung in der Gröſse des Stromes veranlaſste Verminderung bezeichnet.

39) Nach allen diesen Zwischenbetrachtungen gehen wir nun zur endlichen Bestimmung der chemischen Vertheilung in der veränderlichen Strecke, und der durch diese Vertheilung herbei geführten Aenderung des Stromes in der ganzen Kette über, wobei wir jedoch stets nur den bleibenden Zustand der veränderten Strecke vor Augen haben werden. Setzt man in die Gleichung (δ), welche in No. 35. aufgestellt worden ist,

für $\varkappa\omega\,\dfrac{du}{dx}$ seinen Werth S', der, wie wir eben

gefunden haben, blos von bestimmten und unveränderlichen Werthen von Z abhängig, und deswegen in der Rechnung als eine konstante

Gröſse zu behandeln ist, ferner für $\varkappa$ seinen in No. 36. angegebenen Werth $\dfrac{a\,b}{a\,+\,(b-a)\,z}$, so verwandelt sich jene Gleichung in diese:

$$o = S' + \psi\,\omega\,\beta + \psi\,\omega\,(\alpha - \beta)\,z -$$
$$- \frac{a\,b\,\omega\,(n-m)}{a\,+\,(b-a)\,z} \cdot \frac{dz}{dx},$$

oder, wenn man $S' + \psi\omega\beta = \Sigma$ und $\psi\omega\,(\alpha - \beta) = \Omega$ setzt in:

$$o = \Sigma + \Omega\,z - \frac{a\,b\,\omega\,(n-m)}{a\,+\,(b-a)\,z} \cdot \frac{dz}{dx},$$

aus welcher man durch Integration folgende ableitet:

$$c = \frac{(b-a)\,\Sigma - a\,\Omega}{a\,b\,\omega\,(n-m)}\,x + log. \frac{\Sigma + \Omega\,z}{a\,+\,(b-a)\,z},$$

wo c eine noch zu bestimmende Konstante vorstellt. Bezeichnet man durch χ die Abscisse derjenigen Stelle der chemisch veränderten Strecke, für welche z noch denselben Werth hat, der vor dem Eintritte der chemischen Zersetzung einer jeden Stelle dieser Strecke zukam, für welche also $z = \zeta$ ist, und bestimmt dieser Angabe gemäſs die Konstante c, so erhält unsere letzte Gleichung folgende Gestalt:

$$\frac{\Sigma + \Omega z}{a + (b-a)z} = \frac{\Sigma + \Omega \zeta}{a + (b-a)\zeta} \cdot e^{\frac{(b-a)\Sigma - a\Omega}{ab\omega(n-m)}(\chi - x)},$$

wo e die Basis der natürlichen Logarithmen be-zeichnet.

Zur Bestimmung des Werthes χ führt fol-gende Betrachtung. Da nämlich ζ den Raum bezeichnet, welchen der Bestandtheil A in jeder einzelnen Scheibe der veränderlichen Strecke vor dem Beginne der chemischen Zersetzung ausfüllt, so drückt, wenn man durch l die wirkliche Länge dieser Strecke bezeichnet, $l\zeta$ die Summe aller Räume aus, die der Bestandtheil A auf die ganze Ausdehnung der veränderlichen Strecke einnimmt; diese Summe muſs aber, weil nach unserer Vor-aussetzung von keinem der Bestandtheile irgend etwas aus der genannten Strecke sich entfernt, und beide unter allen Umständen dieselbe Summe der Räume behaupten, auch nach erfolgter che-mischer Zersetzung noch stets dieselbe bleiben. So erhält man

$$l\zeta = \int z \, dx,$$

wo für z sein aus der vorigen Gleichung sich er-gebender Werth zu setzen ist, und als Grenzen

des Integrals die dem Anfange und Ende der
veränderlichen Strecke entsprechenden Abscissen
zu nehmen sind.

Diese beiden letzten Gleichungen, in Verbindung mit der zu Ende der vorigen Nummer gefundenen, beantworten alle Fragen, die über den
bleibenden Zustand der chemischen Vertheilung
und die dadurch bewirkte Abänderung des elektrischen Stromes aufgeworfen werden können,
und bilden sonach die vollständige Grundlage
zu einer Theorie dieser Erscheinungen, deren
Ausbau nur auf eine neue Zufuhr durch Versuche
wartet, um nicht durch das Aufeinanderhäufen
einer Menge problematischer Materialien sich in
eine philosophische Leere zu verirren.

40) Am Schlusse dieser Untersuchungen
wollen wir noch einen besondern Fall herausheben, welcher zu Ausdrücken führt, die ihrer
Einfachheit wegen die Art und Weise der durch
die chemische Umwandlung der Kette herbei geführten Aenderungen des Stromes bequemer über-
blicken lassen. Nimmt man nämlich an, dafs
$a = b$ und $\alpha = \beta$ ist, so verwandelt sich die
in voriger Nummer aufgestellte Differenzialglei-

chung in folgende:

$$o = \Sigma \, dx - a\omega \, (n-m) \, dz,$$

aus der man durch Integration erhält:

$$z - \zeta = \frac{\Sigma \, (x-\chi)}{a\omega \, (n-m)},$$

wenn χ den Werth von x bezeichnet, für welchen $z = \zeta$ wird. Da in diesem Falle der Werth von z auf gleiche Unterschiede der Abscissen sich stets um gleich viel ändert, so muſs die Abscisse χ, welche seinem mittlern Werthe ζ, wie er vor dem Beginne der Zersetzung an allen Stellen der veränderlichen Strecke vorhanden war, zugehört, auf die Mitte dieser Strecke hinführen. Stellen also z' und z'', wie vorhin, die Werthe von z vor, welche dem Anfange und dem Ende der chemisch wandelbaren Strecke entsprechen, und bezeichnet l die wirkliche Länge dieser Strecke, so folgt aus unserer letzten Gleichung

$$z'' - \zeta = + \tfrac{1}{2} \frac{l\Sigma}{a\omega \, (n-m)}$$

und

$$z' - \zeta = - \tfrac{1}{2} \frac{l\Sigma}{a\omega \, (n-m)},$$

und aus diesen beiden Gleichungen ergibt sich:

$$(n-m) \, (z''-z') = \frac{l}{a\omega} \, \Sigma,$$

oder, wenn man statt $\dfrac{l}{a_\omega}$, wodurch hier nichts anders, als die unveränderliche, reduzirte Länge der chemisch wandelbaren Strecke ausgedrückt wird, den Buchstaben λ setzt, folgende:

$$(n-m)\,(z''-z') = \lambda\,\Sigma.$$

Setzt man diesen Werth von $(n-m)\,(z''-z')$ in die in No. 38. gefundene Gleichung

$$S' = S - \frac{\Phi\,(n-m)\,(z''-z')}{L}$$

und zugleich statt Σ seinen Werth $S' + \psi\omega\alpha$, so erhält man

$$S' = S - \frac{\Phi\,\lambda}{L}\,(S + \psi\omega\alpha),$$

eine Gleichung, deren Gestalt recht dazu geeignet ist, die Natur der durch die chemische Umwandlung herbei geführten Aenderung des Stromes im Allgemeinen anzudeuten, und deren Aussagen mit den vielen Erfahrungen, die ich über das Wogen der Kraft in der Hydrokette gemacht, und nur zum kleinsten Theile mitgetheilt habe [*]), recht gut zusammen stimmen.

---

[*]) chweiggers Jahrb. 1825 Hft. 1. und 1826 Hft. 2.

Verbesserungen.

———

Seite 17, Zeile 3, $FG\,HI$ statt $FG'\,HI'$.

152,   4 von unten fehlt zwischen A und $2L$ der Bruchstrich.

199,   3 von unten: annimmt statt einnimmt.

Anmerkung zu Seite 152

Bei der Bestimmung der Elektrizitätsmenge in den Theilen P und P' ist auf eine verschiedene Kapazität dieser Theile für Elektrizität nicht Rücksicht genommen worden. Nachdem die Erfahrung sich für eine Verschiedenheit in der elektrischen Kapazität der Körper ausgesprochen haben wird, sind alle auf den Theil P sich beziehenden Elektrizitätsmengen noch mit γ, die zu dem Theile P' gehörigen mit γ' zu multipliziren, wenn γ und γ' die Kapazitäten der Theile P und P' bezeichnen.

———

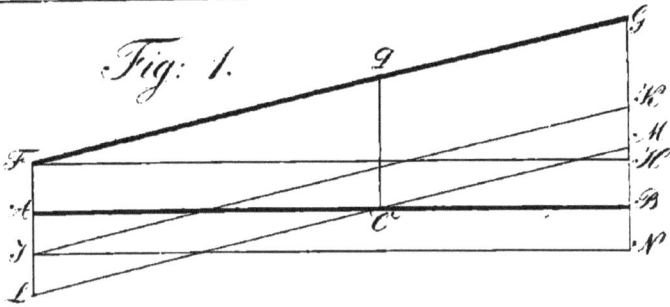

Fig: 1.

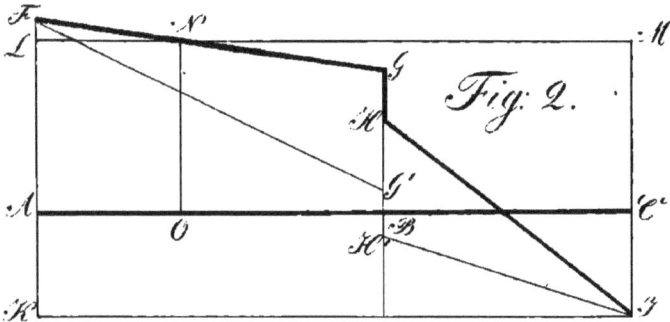

Fig: 2.

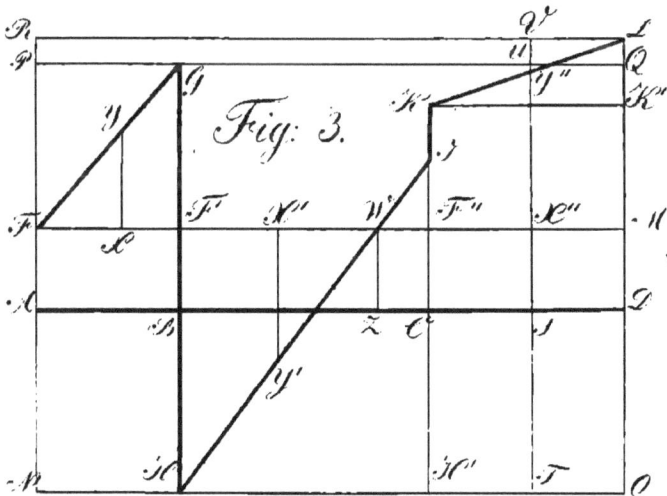

Fig: 3.